D1747581

FUNKBETRIEBSZEUGNIS SRC

(Funkbetriebszeugnis für den Seefunk)

Zur Vorbereitung auf die theoretische und praktische Prüfung

4. überarbeitete und aktualisierte Auflage, 2019
Druck: Februar 2019
ISBN: 978-3-00-058077-2

Gestaltung des Inhaltes / Autor:
Swen Meier

© 2019 Swen Meier. Alle Rechte vorbehalten. Weitergabe, Nachdruck, Vervielfältigung (ganz oder teilweise) sind ohne Zustimmung des Autors untersagt.

Titelfoto:
Dorothea Klesch

Lektorat:
Wolfgang Reek / Matthias Ronig

Gedruckt in Deutschland.

Quellenangabe Fragenkatalog:
Veröffentlicht durch die Fachstelle der Wasser- und Schifffahrtsverwaltung (FVT)
auf www.elwis.de

FUNKBETRIEBSZEUGNIS SRC
Zur Vorbereitung auf die theoretische und praktische Prüfung.

„Mayday... Mayday.. chrrrzzz...
krrrzzz.. we are sinking, we are sinking...
krrzzz... chrrrzzz...

„This ist the Coast Guard ...
... what are you thinking about?"

FUNKBETRIEBSZEUGNIS SRC
Zur Vorbereitung auf die theoretische und praktische Prüfung.

Inhaltsverzeichnis

Prüfungsablauf	3		Rauschsperre / Squelch	56
Entwicklung des Funksystems	4		Lautstärke, Lernstandskontrolle XI	57
World Radio Conference / GMDSS	5		Gerätemenu	58
Techniken GMDSS	6		MMSI Check, Zeitumrechnung	59
UKW, ITU, mobiler Seefunkdienst	7		Umschaltung See- / Binnenfunk	61
Radio Regulations, Ausrüstung	9		Eingabe Individual Call	63
Lernstandskontrolle I	10		Empfang Individual Call	65
Zeugnisse, Besitzstandwahrung	13		Eingabe All Ships Call	66
Lernstandskontrolle II	14		Empfang All Ships Call	68
Telekommunikationsgesetz (TKG)	15		Eingabe Distress Call	69
Nummernzuteilung	16		DSC-Fehlalarm	72
Lernstandskontrolle III	17		DSC-Logbuch	74
Rufnummer im Seefunkdienst	18		Lernstandskontrolle XII	75
Rufzeichen (Call Sign)	19		Sprechfunk: Identifizierung	76
Lernstandskontrolle IV	20		Anruf und Meldung	77
Sprechfunkrufe	21		Lernstandskontrolle XIII	78
Funkkanäle, Grundsätze	22		Routine	79
Sendeleistung	23		Sicherheit	80
Lernstandskontrolle V	25		Dringlichkeit	82
Gerät, Antenne, Spannung	27		Aufhebung der Dringlichkeit	83
Simplex, Duplex, Semi-Duplex	28		Notruf (Distress)	84
Handsprechfunkgerät, Test	30		Notruf: Bestätigung, Weiterleitung	85
Lernstandskontrolle VI	31		Störende Stellen, Aufhebung	87
DSC-Controller	32		Fehlalarm	89
DSC-Controller: Sinn & Zweck	35		Schema der Funksprüche	90
Lernstandskontrolle VII	37		Lernstandskontrolle XIV	91
Datum-/ Zeitformat	38		Buchstabieralphabet	93
Seegebiete	39		Vokabelsammlung	94
Lernstandskontrolle VIII	41		Entscheidungshilfen	97
Search and Rescue	42		Seefunktexte (Diktattexte)	105
GMDSS: EPIRB	44		Übungsaufgaben	110
GMDSS: Navtex	45		Übungs-Fragebögen	118
GMDSS: Navarea	46		Übungs-Fragebögen: Lösungen	180
Lernstandskontrolle IX	47			
GMDSS: SART	50			
GMDSS: AIS	51			
Lernstandskontrolle X	52			
Gerätekunde IC-M 323	53			
Dual Watch / Scan	55			

FUNKBETRIEBSZEUGNIS SRC
Zur Vorbereitung auf die theoretische und praktische Prüfung.

Die Prüfung

Die Vollprüfung zum Funkbetriebszeugnis SRC besteht aus mehreren Teilen, die einzeln bestanden werden müssen:

a) Schriftliche Aufnahme eines englischen Sprechfunktextes ("Diktat") unter Verwendung des internationalen Buchstabieralphabets für einzelne Wörter wie z. B. Schiffs-, und/oder Ortsnamen mit schriftlicher Übersetzung ins Deutsche.
Anschließend schriftliche Übersetzung eines Sprechfunktextes von Deutsch in Englisch.

Für die Übersetzungen werden ausschließlich 27 veröffentlichte Seefunktexte benutzt, die auch in diesem Buch abgedruckt sind.

b) Beantwortung eines Fragebogens mit 24 ausgewählten Fragen aus dem Fragenkatalog innerhalb von 30 Minuten im Multiple-Choice-Verfahren. Im Eigentlichen ist dies leider der falsche Ausdruck. Korrekterweise muss es Single-Choice heißen, denn zu jeder Frage gibt es vier Antwortmöglichkeiten von der jeweils nur eine die Richtige ist.

Der Fragenkatalog als auch Übungsfragebögen sind in diesem Buch mit abgedruckt.

c) Fehlerfreie Abgabe bzw. Aufnahme von Not-, Dringlichkeits-, Sicherheits-, bzw. Routinerufen sowie korrekte Bedienung des Sprechfunkgerätes und des DSC-Controllers.

! **Die Prüfung findet im Auftrag des Bundesministeriums für Verkehr und digitale Infrastruktur (BMVI) statt und wird durch die Prüfungsausschüsse des DMYV / DSV abgenommen.**

Die zur Prüfung benötigten Unterlagen nebst Prüfungsgebühren müssen dem Prüfungsausschuss 14 Tage vor Prüfungstermin vollständig vorliegen.

>> Ausgefüllter und unterschriebener Antrag
>> Passfoto 35x45mm, Halbprofil ohne Kopfbedeckung und nicht älter als sechs Monate
>> Kopie des Personalausweises (Vor- und Rückseite)

Eine Übersicht über die Prüfungsausschüsse ist unter **www.dmyv.de** und **www.dsv.org** zu finden.

FUNKBETRIEBSZEUGNIS SRC
Zur Vorbereitung auf die theoretische und praktische Prüfung.

Entwicklung des Funksystems

Die Entwicklung von Funkübertragungen reicht zurück in die Jahre zwischen 1895 und 1913. Im Jahr 1895 gelang die erste Funkübertragung mit Morsezeichen.
Schiffe wurden mit entsprechenden Geräten ausgestattet und konnten anfangs mittels Morsezeichen Nachrichten übermitteln. Das bekannteste Beispiel ist wohl der Untergang der Titanic, welche mit Morsezeichen das "SOS" - Signal (••• – – – •••) abgesetzt hat.

Durch die weitere Entwicklung der Technik gelang es später, auch Sprache übertragen zu können.

"Sprechfunk" bedeutet die Übertragung von Sprache mittels elektromagnetischer Wellen. Benötigt wird dazu eine sogenannte "Trägerwelle". Diese verläuft in gleichmäßigen Kurven, d. h. in einer Sinuskurve.

Die Trägerwelle

Halten wir die Sprechtaste und sprechen in das Mikrofon, wird unsere Sprache in elektrische Signale umgewandelt, die die Trägerwelle in Schwingungen versetzen.

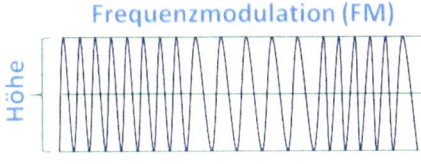

Frequenzmodulation (FM)

Veränderte (modulierte) Welle

Die jetzt veränderte ("modulierte") elektromagnetische Welle wird durch die Antenne "auf Reisen" geschickt. Aufgenommen wird sie durch die Antenne am Empfangsgerät. Durch eine sogenannte "Demodulation" werden die Schwingungen wieder in elektrische Signale umgewandelt und als Sprache über den Lautsprecher beim Empfänger wiedergegeben.

FUNKBETRIEBSZEUGNIS SRC
Zur Vorbereitung auf die theoretische und praktische Prüfung.

World Radio Conference

Im Jahr 1906 kam es in Berlin zur ersten weltweiten Funkkonferenz **(World Radio Conference; kurz: WRC)**, an der verschiedene Staaten teilnahmen und ein Übereinkommen über die Abwicklung und Betriebsverfahren des Funkverkehrs trafen.
Initiator war die internationale Fernmeldeunion (International Télécommunication Union; kurz: ITU). Man muss sich vorstellen, dass zu dieser Zeit der Sprechfunk noch nicht sehr weit verbreitet war und dennoch durch die Konferenz Regeln und Maßnahmen beschlossen wurden, die den Funkverkehr harmonisierten.

>> Welche Sprache ist zu verwenden?
>> Welche Frequenz bzw. welcher Kanal ist zu benutzen?
>> Wie ist ein Funkspruch aufgebaut?
>> Welche Angaben gehören in den Sprechfunkruf?

Einführung GMDSS

Da es jedoch auch nach der Funkkonferenz und einem geregelteren System immer noch zu Missverständnissen in den Funkübertragungen kam, wurde das System verbessert. Um 1980 herum wurde das **"GMDSS"**, dass **"Global Maritime Distress and Safety System"**, also das "weltweite Seenot-Sicherheits-Funksystem" ins Leben gerufen.

Die Techniken wurden erweitert und neue Geräte und Möglichkeiten in das Funkwesen integriert. Durch die Einführung der neuen Techniken mussten auch die Funkzeugnisse überarbeitet werden. Nach einer Übergangsfrist trat 1992 schließlich das "GMDSS" in Kraft.

Im Sprechfunkverfahren erreichen wir heutzutage (bezogen auf Sportboote) bestenfalls eine Reichweite von 25sm. Ziel des GMDSS ist es, durch zusätzliche Einrichtungen die Reichweite zu erhöhen, Missverständnisse in der Kommunikation auszuschalten, technische Übertragungsfehler zu eliminieren und auch alternative Alarmierungsmöglichkeiten z. B. für Notfälle zu schaffen.

FUNKBETRIEBSZEUGNIS SRC
Zur Vorbereitung auf die theoretische und praktische Prüfung.

Techniken des GMDSS

Zusätzlich zum Sprechfunkverfahren können wir uns heutzutage - dank GMDSS - weiterer moderner Techniken und Geräte bedienen, wie z. B.:

>> **DSC-Controller** (Digitaler Selektivruf)
>> **NAVTEX** (Funktelex)
>> **EPIRB** (Seenotfunkbake)
>> **SART** (Radartransponder)
>> **INMARSAT** (Satelliten-Systeme)
   COSPAS-SARSAT
>> **AIS** (Schiffsidentifizierungssystem)

SART – Search and Rescue Transponder

"Hilfeleistung und Sicherung der Schifffahrt/Seefahrt ist erst durch das GMDSS möglich, da schnelle und exakte Alarmierung in Not-, Dringlichkeits-, und Sicherheitsfällen gewährleistet sind."

FUNKBETRIEBSZEUGNIS SRC
Zur Vorbereitung auf die theoretische und praktische Prüfung.

Ultrakurzwelle (UKW)

Unsere Übertragungen finden allesamt auf der Ultrakurzwelle ("UKW") statt. Der Frequenzbereich der Ultrakurzwelle liegt zwischen **30 und 300 MHz**.

Für den Binnen- und Seefunk wird aus diesem Gesamtbereich lediglich der Teilbereich von 156 MHz bis 174 MHz benutzt.

Die Internationale Fernmeldeunion (ITU)

Die „ITU" beschäftigt sich seit 1865 weltweit mit den technischen Belangen der Telekommunikation.

Sie arbeitet in verschiedenen Amtssprachen, wobei die Prämisse auf Französisch liegt, was auch der Weltpostsprache entspricht. Aus diesem Grund sind in unserem Funkwesen einige Wörter bevorzugt in Französisch statt in Englisch auszusprechen.

Der mobile Seefunkdienst

Mit Seefunkstellen, d. h. mit unseren "Funkgeräten" auf Wasserfahrzeugen nehmen wir am **mobilen Seefunkdienst** teil.

Unter **"mobilen Seefunkdienst"** verstehen wir die Möglichkeit, Funkverkehr zwischen Seefunkstellen untereinander oder Funkverkehr zwischen Küstenfunkstellen (Landfunkstellen) und Seefunkstellen abzuwickeln. Der Zweck ist stets der Austausch von Nachrichten, die sich auf die Fahrt von Schiffen und inbesondere auf die Sicherheit von Menschen und/oder Maschine beziehen.

Mit **Seefunkstellen** werden Funkstellen bezeichnet, die an Bord von nicht dauerhaft verankerten Schiffen betrieben werden.

Küstenfunkstellen sind ortsfeste Funkstellen des mobilen Seefunkdienstes. Dies können sein: Radarberatungen, Verkehrszentralen, Revierfunkdienste, Schiffslenkungsdienste und Seenotleitstellen. Jede Funkstelle hat eine spezifische Aufgabe:

Radarberatungen / Verkehrszentralen:
Sie überwachen den Schiffsverkehr mittels Radar - besonders bei verminderter Sicht - und übermitteln Informationen an die Schifffahrt wie z. B. die aktuellen Verkehrslagen, Positionen von Fahrzeugen etc. Sie senden nautischen Warnnachrichten ("MSI", Maritime Safety Information), die auch mit dem Vermerk "WX" für Wetterberichte oder

FUNKBETRIEBSZEUGNIS SRC
Zur Vorbereitung auf die theoretische und praktische Prüfung.

"NX" für Nautische Warnnachrichten gekennzeichnet sind.

Revier- und Hafenfunkdienste bzw. Schiffslenkungsdienste:
Sie übermitteln in bestimmen Revieren bzw. in Häfen oder in der Nähe von Häfen Nachrichten, die sich ausschließlich auf die Fahrt und Sicherheit von Schiffen im entsprechenden Revier beziehen. Sie koordinieren die Schifffahrt. Darüber hinaus informieren Sie über Wasserstände / Gezeiten sowie Wind und Wetter.

Seenotleistellen:
Das "MRCC", Maritime Rescue Co-ordination Center ist zuständig für Hilfeleistungen verschiedenster Arten.

Diese Dienste stehen auch im Ausland zur Verfügung, jedoch kann je nach Landesvorschrift das Senden in ausländischen Häfen für uns nicht gestattet sein. Hier ist das jeweilige Landesrecht zu beachten!

Öffentlich / nicht öffentlich?

Der mobile Seefunkdienst ist ein nicht-öffentlicher Dienst, d. h. er steht nicht "jedem Bürger" zur freien Verfügung. Dadurch, dass zur Teilnahme am Seefunkdienst ein Funkzeugnis vorgeschrieben ist, sprechen wir von einem nichtöffentlichen Funkdienst.

Über Küstenfunkstellen können jedoch auch "öffentliche Gespräche" geführt werden, d. h. wir können mit der Allgemeinheit Nachrichten austauschen. Das bedeutet, dass wir uns in das normale Telefonnetz verbinden lassen können. Voraussetzung ist jedoch ein Vertrag mit einer entsprechenden Abrechnungsgesellschaft oder moderner ausgedrückt: "Ein Vertrag mit einem Provider".
Maßgabe für die Abrechnung ist stets die Gesprächsdauer sowie der Preis der Verrechnungseinheit. Beispiel: Pro Minute 0,75 €.

Bei Küstenfunkstellen können auch Nachrichten hinterlassen werden, die wir von Bord aus mit einem Sammelanruf abhören können. Alternativ kann man sich individuell benachrichtigen lassen, sobald eine Nachricht vorliegt.

FUNKBETRIEBSZEUGNIS SRC
Zur Vorbereitung auf die theoretische und praktische Prüfung.

Radio Regulations

Die heute existierenden -und auf den weltweiten Funkkonferenzen festgelegten- rechtlichen Grundlagen, Betriebsverfahren und Frequenzbereiche des Funksystems sind festgeschrieben in den **"Radio Regulations" (RR)**, herausgegeben von der Internationalen Fernmeldeunion (ITU).
Auch Abhörpflichten und Sprechfunkmuster sind in den Radio Regulations zu finden, die im Endeffekt die "Bibel" für unser Funkwesen darstellen.

Teilnehmende bzw. angeschlossene Staaten verpflichten sich zur Beachtung der Radio Regulations und zur Umsetzung in nationales Recht. In Deutschland beginnt die Umsetzung durch die **Vollzugsordnung für den Funkdienst (VO Funk)**.

Ausrüstungspflicht

Im Gegensatz zur Berufsschifffahrt sind Sportboote in Deutschland nicht funkausrüstungspflichtig.

Gewerblich genutzte Sportboote ab 12m Länge unterliegen jedoch der Ausrüstungspflicht und benötigen ein Funksicherheitszeugnis, welches durch die Berufsgenossenschaft (BG) Verkehr (Dienststelle Schiffssicherheit der Berufsgenossenschaft Verkehrswirtschaft, Post-Logistik, Telekommunikation)

Mit dem Funksicherheitszeugnis wird bestätigt, dass das Fahrzeug gemäß den Vorschriften der Schiffssicherheitsverordnung (SchSV) im Hinblick auf Sicherheitsausrüstung und Funkausrüstung ordnungsgemäß ausgestattet ist.

Mobiltelefon

Mobiltelefone stellen keine vernünftige Alternative zum Seefunkdienst dar. Zwar ließe sich in Notfällen eine Küstenfunkstelle alarmieren, jedoch können Fahrzeuge in der Nähe nicht um Hilfe gerufen werden. Auch die Kontaktaufnahme mit Fahrzeugen des Such- und Rettungsdienstes (SAR) oder gar Hubschraubern wäre mit einem Mobiltelefon nur schwer hinzubekommen. Erst durch den Seefunkdienst können alle Funkstellen in Funkreichweite erreicht, und der Rettungseinsatz kommuniziert, organisiert und durchgeführt werden.

Letztlich ist - je nach Abstand von der Küste - ohnehin häufig kein Handynetz verfügbar.

FUNKBETRIEBSZEUGNIS SRC
Zur Vorbereitung auf die theoretische und praktische Prüfung.

Lernstandskontrolle I

1. "Mobiler Seefunkdienst" ist mobiler Funkdienst...
zwischen Küstenfunkstellen und Seefunkstellen bzw. zwischen Seefunkstellen untereinander.

2. Welche Funktion hat das "GMDSS" (Global Maritime Distress and Safety System)?
Hilfe in Seenotfällen und Sicherung der Schifffahrt durch schnelle und genaue Alarmierung im Seenotfall.

3. Zu welchem Zweck wurde das weltweite Seenot- und Sicherheitsfunksystem (GMDSS) eingeführt?
Schnelle und genaue Alarmierung in Not-, Dringlichkeits-, und Sicherheitsfällen.

4. Welche Aufgaben hat die Internationale Fernmeldeunion (International Télécommunication Union, ITU)?
Die Internationale Fernmeldeunion (ITU) legt die grundlegenden Regelungen für die internationale Telekommunikation fest.

5. Was regelt die Vollzugsordnung für den Funkdienst (VO Funk, engl. Radio Regulations RR)?
Die Vollzugsordnung für den Funkdienst (RR) regelt u.a. die Zuweisung von Frequenzbereichen an die Funkdienste und die Betriebsverfahren im Seefunkdienst

6. Was ist eine "Küstenfunkstelle"?
Ortsfeste Funkstelle des mobilen Seefunkdienstes

7. Wodurch erfährt eine Seefunkstelle von einer Küstenfunkstelle, dass dort Nachrichten für sie vorliegen?
Individuelle Benachrichtigung oder Abhören von Sammelanrufen

8. Was wird als "MSI" bezeichnet?
Nachricht, die die Sicherheit der Seeschifffahrt betrifft.

9. Was bedeutet "öffentlicher Funkverkehr"?
Funkverkehr, der der Allgemeinheit zum Austausch von Nachrichten dient

10. Für die Teilnahme am öffentlichen Funkverkehr ist - im Gegensatz zur Teilnahme am Nicht-öffentlichen Funkverkehr - zusätzlich erforderlich...
Vertrag mit einer Abrechnungsgesellschaft.

11. Was sind die Abrechnungsgrundlagen für ein Seefunkgespräch über eine deutsche Küstenfunkstelle?
Gesprächsdauer und Preis der Verrechnungseinheiten.

12. Welche Aussendung wird als "WX" bezeichnet?
Wetterbericht

FUNKBETRIEBSZEUGNIS SRC
Zur Vorbereitung auf die theoretische und praktische Prüfung.

13. Welche Aussendung wird als "NX" bezeichnet?
Nautische Warnnachricht

14. Was ist eine "Seefunkstelle"?
Funkstelle des mobilen Seefunkdienstes an Bord eines nicht dauernd verankerten Seefahrzeugs.

15. Welche Sportboote müssen mit einer UKW-Seefunkanlage ausgerüstet sein?
Gewerbsmäßig genutzte Sportboote mit einer Länge über alles von 12m und mehr.

16. Ein Sportboot von 12m Länge und mehr benötigt ein Funksicherheitszeugnis...
...bei gewerbsmäßiger Nutzung.

17. Wer stellt in Deutschland Funksicherheitszeugnisse für Sportboote aus, die gewerbsmäßig genutzt werden?
Dienststelle Schiffssicherheit der Berufsgenossenschaft Verkehrswirtschaft, Post-Logistik, Telekommunikation (BG Verkehr)

18. Welchem Funkverkehr ist der Nachrichtenaustausch zwischen Küstenfunkstellen des Revier- und Hafenfunkdienstes und Seefunkstellen zuzuordnen?
Nichtöffentlicher Funkverkehr

19. Ist das Senden auf UKW in ausländischen Häfen gestattet?
Abhängig von entsprechenden Vorschriften des Landes

20. Wie wird der Frequenzbereich von 30 bis 300 MHz bezeichnet?
Ultrakurzwelle (UKW/VHF)

21. Wozu dient der Revier- und Hafenfunkdienst?
Übermittlung von Nachrichten, die ausschließlich das Führen, die Fahrt und die Sicherheit von Schiffen auf dem Revier, innerhalb oder in der Nähe von Häfen betreffen.

22. Welcher Funkdienst gehört neben dem Revier- und Hafenfunkdienst ebenfalls zum Sicherheitsfunkdienst innerhalb des mobilen Seefunkdienstes?
Schiffslenkungsdienst

23. Welche Vorteile hat eine UKW-Seefunkanlage gegenüber einem Mobiltelefon in einer Notsituation?
Allgemeine und sichere Alarmierungsmöglichkeit

24. Welchen Vorteil hat eine UKW-Seefunkanlage gegenüber einem Mobiltelefon, wenn in einer Notsituation andere Fahrzeuge in Sicht sind und um Hilfe gebeten werden sollen?
Erreichbarkeit aller in Funkreichweite befindlichen Seefunkstellen

FUNKBETRIEBSZEUGNIS SRC
Zur Vorbereitung auf die theoretische und praktische Prüfung.

25. Warum ist ein Mobiltelefon gegenüber einer UKW-Seefunkanlage keine Alternative, wenn in einer Notsituation die Such- und Rettungsmaßnahmen anderen Fahrzeugen bekannt gemacht werden müssen?

Telefongespräche können von weiteren Fahrzeugen nicht mitgehört werden, wichtige Informationen zur Hilfeleistung und Rettung sind nicht für alle Beteiligten verfügbar

Notizen:

FUNKBETRIEBSZEUGNIS SRC
Zur Vorbereitung auf die theoretische und praktische Prüfung.

Sprechfunkzeugnisse

Mit der Umstellung auf das Global Maritime Distress and Safety System (GMDSS) mussten auch die seinerzeit existierenden Funkzeugnisse überarbeitet werden.

Die heute für den privaten bzw. sportlichen Bereich gültigen Zeugnisse im Seebereich sind:

Short Range Certificate (SRC)
(Beschränkt Gültiges Funkbetriebszeugnis)

Long Range Certificate (LRC)
(Allgemeines Funkbetriebszeugnis)

Um auf Sportbooten oder Traditionsschiffen am mobilen Seefunkdienst teilnehmen zu können, benötigt der Schiffsführer wenigstens das SRC ("Short Range Certificate").

Das Long Range Certificate beinhaltet das Short Range Certificate und ermächtigt seinen Inhaber auch zum Betrieb von Grenz- & Kurzwellenfunkanlagen sowie Satellitenterminals.

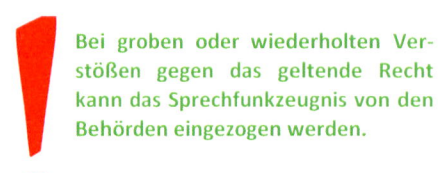

> **!** Bei groben oder wiederholten Verstößen gegen das geltende Recht kann das Sprechfunkzeugnis von den Behörden eingezogen werden.

Besitzstandswahrung

Ältere Funkzeugnisse, d. h. aus der Zeit vor der Einführung des GMDSS haben nach wie vor Gültigkeit. Allerdings dürfen mit diesen Zeugnissen, wie z. B. dem "Allgemeinen Funkzeugnis für den Seefunkdienst" nur Sprechfunk betrieben werden, aber keine Zusatzgeräte aus dem GMDSS benutzt werden.

Das heutige SRC „Short Range Certificate".

FUNKBETRIEBSZEUGNIS SRC
Zur Vorbereitung auf die theoretische und praktische Prüfung.

Lernstandskontrolle II

1. Welches Funkzeugnis ist auf einem mit einer Seefunkanlage ausgerüsteten Sportfahrzeug unter deutscher Flagge für den Schiffsführer vorgeschrieben?
Ein Funkzeugnis, das zum Bedienen der eingebauten Anlage berechtigt, d. h. SRC oder LRC.

2. Welche Funkanlagen darf ein Inhaber eines beschränkt gültigen Funkbetriebszeugnisses (Short Range Certificate, SRC) bedienen?
UKW-Funkanlagen im Seefunkdienst auf nicht ausrüstungspflichtigen Fahrzeugen und Traditionsschiffen.

3. Welches Funkzeugnis muss der Führer eines Sportfahrzeuges oder Traditionsschiffes, das mit einer UKW-Seefunkstelle ausgerüstet ist, mindestens besitzen, um am GMDSS teilnehmen zu dürfen?
Beschränkt Gültiges Funkbetriebszeugnis (Short Range Certificate)

4. An welchem Funkdienst darf der Inhaber eines Beschränkt Gültigen Funkbetriebszeugnisses (SRC) teilnehmen?
Mobiler Seefunkdienst auf Ultrakurzwelle (UKW/VHF)

Notizen:

FUNKBETRIEBSZEUGNIS SRC
Zur Vorbereitung auf die theoretische und praktische Prüfung.

Telekommunikationsgesetz

Die Umsetzung der Radio Regulations findet in Deutschland auch über das Telekommunikationsgesetz statt. Es enthält einschneidende Regelungen, die in unserem Funksystem Beachtung finden müssen.

Im Allgemeinen regelt es -unseren Funkdienst betreffend- die **Zuteilung von Frequenzen** (quasi die Erlaubnis, die Frequenzen benutzen zu dürfen), die **Überwachung und Überprüfung** von Funkanlagen, sowie das **Fernmeldegeheimnis**. Darüber hinaus ist im Telekommunikationsgesetz auch ein Straf- und Bußgeldkatalog hinterlegt.

Für den Sportbootfahrer, dessen Fahrzeug mit einer UKW-Sprechfunkanlage ausgestattet ist, bedeutet das u. a.:

>> Das sein Fahrzeug eine Zuteilungsurkunde (Ship Staton Licence) benötigt

>> Die Bundesnetzagentur (BNetzA), die Polizei und Beauftragte des Bundesamtes für Seeschifffahrt und Hydrographie (BSH) und ebenso die ausländischen Verwaltungen die Frequenznutzungen überwachen dürfen.

>> Das Fernmeldegeheimnis zu wahren ist.

Fernmeldegeheimnis

Das Fernmeldegeheimnis besagt, dass wir nur Nachrichten hören dürfen, die mit den Worten "an alle Funkstellen" ("all stations") gesendet werden, oder aber die ganz konkret an uns gesendet werden. Für alle übrigen Nachrichten besteht laut Telekommunikationsgesetz ein **Abhörverbot.**

Der Gesetzgeber weiß allerdings, dass ein Abhörverbot in einem Funkdienst in der Praxis sehr schwer umsetzbar ist. Sollten wir Nachrichten empfangen haben, die nicht für uns bestimmt sind, so haben wir über Inhalt dieser Nachrichten absolutes Stillschweigen zu wahren. Zuwiderhandlungen können eine Straftat darstellen und juristische Konsequenzen nach sich ziehen.

Nur ein Richter kann von der Wahrung des Fernmeldegeheimnisses befreien.

Wir dürfen nur Nachrichten hören, die "an alle Funkstellen" ("all stations") oder an uns direkt gesendet werden. Für alle anderen Nachrichten besteht Abhörverbot.

FUNKBETRIEBSZEUGNIS SRC
Zur Vorbereitung auf die theoretische und praktische Prüfung.

Nummernzuteilung

Die Zuteilungsurkunde (Ship Station Licence) wird auf Antrag von der Bundesnetzagentur (Hamburg) ausgestellt. Sie dokumentiert den Umfang und die Art der Funkanlagen an Bord und ist stets im Original mitzuführen.
Darüber hinaus enthält Sie verschiedene Identifikationsnummern, die für die verschiedensten Geräte im Rahmen des GMDSS benötigt werden.

Änderungen an der Funkausrüstung, Umzug des Eigners, Änderung des Bootsnamens etc. müssen der Bundesnetzagentur unverzüglich schriftlich mitgeteilt werden, damit die Nummernzuteilung geändert werden kann.

Auf Verlangen ist die Urkunde den Behörden wie. z. B. der Wasserschutzpolizei oder Küstenwache vorzuzeigen.

Nur zugelassene Geräte bzw. ordnungsgemäß in Verkehr gebrachte Geräte (jene, die ein CE-Kennzeichen tragen), erhalten die Nummernzuteilung.

Name des Schiffes: *name of ship*	**R2-D2**	Rufzeichen: *call sign*	**DF6384**
MMSI: *Maritime Mobile Service Identity*	211345670	Inmarsat C	421112349
ATIS-Kennung: *ATIS Code*	9211066384		
Funktelex: *radiotelex*	12342		
EPRIB-Kennung	211345670		
Inhaber *holder of license*	Rudolf Muster Musterstrasse 1 12345 Musterhausen		

Beispielansicht der Zuteilungsurkunde

FUNKBETRIEBSZEUGNIS SRC
Zur Vorbereitung auf die theoretische und praktische Prüfung.

Lernstandskontrolle III

1. Welche rechtlichen Voraussetzungen sind für den Betrieb einer Seefunkstelle auf einem Sportfahrzeug und einem Traditionsschiff zu erfüllen?
Zuteilung (Ship Station Licence), für den Seefunkdienst zugelassene oder in Verkehr gebrachte Funkgeräte, ausreichendes Seefunkzeugnis des Fahrzeugführers.

2. Welche Urkunde und welcher Befähigungsnachweis müssen bei der Überprüfung einer Seefunkstelle auf einem Sportfahrzeug dem Prüfbeamten auf Verlangen vorgelegt werden?
Zuteilung (Ship Station Licence) und Seefunkzeugnis des Fahrzeugführers.

3. Die Urkunde über die Zuteilung (Ship Station Licence) zum Betreiben einer Seefunkstelle wird in Deutschland ausgestellt durch...
...die Bundesnetzagentur (BNetzA), Außenstelle Hamburg

4. Welche Urkunde für die Seefunkstelle muss auf einem Sportboot mitgeführt werden?
Zuteilungsurkunde (Ship Station Licence) im Original

5. Was und zu welchem Zweck muss ein Schiffseigner bei Änderungen des Schiffsnamens in Bezug auf eine Seefunkstelle veranlassen?
Namensänderung der Bundesnetzagentur schriftlich mitteilen zwecks Änderung seiner Zuteilungsurkunde (Ship Station Licence)

6. Was muss ein Schiffseigner beim Austausch der UKW - Sprechfunkanlage gegen eine UKW-GMDSS-Funkanlage veranlassen?
Schriftliche Mitteilung über die Umrüstung an die Bundesnetzagentur

7. Was ist beim Kauf eines UKW-Sprechfunkgerätes für den Seefunkdienst oder eines UKW-GMDSS-Funkgerätes zu beachten?
Das Funkgerät muss für den Seefunkdienst zugelassen oder in Verkehr gebracht worden sein.

8. Welche Behörden in Deutschland sind berechtigt, die Funktionsfähigkeit von Seefunkstellen zu überprüfen?
Bundesnetzagentur (BNetzA) und Bundesamt für Seeschifffahrt und Hydrographie (BSH).

9. Das Abhörverbot und Fernmeldegeheimnis sind geregelt...
Im Telekommunikationsgesetz (TKG)

FUNKBETRIEBSZEUGNIS SRC
Zur Vorbereitung auf die theoretische und praktische Prüfung.

---

10. Wer ist beim Betrieb einer Seefunkstelle auf einem Sportboot zur Wahrung des Fernmeldegeheimnisses und des Abhör-verbots verpflichtet?
Alle Personen, die eine Seefunkstelle beaufsichtigen, bedienen oder Kenntnis über öffentlichen Nachrichtenaustausch erlangt haben.

11. Welche Nachrichten dürfen uneingeschränkt aufgenommen und verbreitet werden?
Aussendungen, die "an alle Funkstellen" gerichtet sind.

12. Wenn ein Funkgerät ordnungsgemäß in Verkehr gebracht worden ist, trägt es...
.. das CE - Zeichen.

Rufnummer im Seefunkdienst (MMSI)

Die MMSI (Maritime Mobile Service Identity) bzw. im Deutschen die "Rufnummer im Seefunkdienst" ist ein häufig gebrauchtes Identifikationsmerkmal im Funksystem.

Die ersten drei der insgesamt 9 Ziffern stellen die MID dar. MID steht für "Maritime Identification Digit", d. h. für die sogenannte Seefunkkennzahl. Effektiv ist die MID bzw. die Seefunkkennzahl eine Art "Landeskennziffer", wie man ihn von internationalen Telefonaten (Landesvorwahlen) kennt.

Die MID werden von der Internationalen Fernmeldeunion festgelegt und vergeben. Für Deutschland gibt es die MID 211 und 218.

Der Seefunkkennzahl folgen fünf Ziffern, die der Identifizierung eines Schiffes dienen. Schließlich endet die MMSI mit der neunten Stelle, grundsätzlich einer Null.

MMSI am Beispiel eines deutschen Sportbootes:

211 34567 0

Auch Küstenfunkstellen verfügen über eine MMSI, damit sie u. a. durch uns direkt kontaktiert werden können. Die Küstenfunkstellen-MMSI können dem "Funkdienst für die Klein- und Sportschifffahrt", herausgegeben vom Bundesamt für Seeschifffahrt und Hydro-

FUNKBETRIEBSZEUGNIS SRC
Zur Vorbereitung auf die theoretische und praktische Prüfung.

graphie, bzw. dem "Handbuch Nautischer Funkdienst" entnommen werden.

Die MMSI einer Küstenfunkstelle beginnt international grundsätzlich mit einer doppel-Null und wird mit der Seefunkkennzahl (MID) fortgeführt. Es folgen drei Ziffern zur Identifizierung und als letzte Stelle wiederum eine Null.

MMSI der Seenotleitstelle Bremen:

00 211 124 0

! Die MMSI wird u. a. für die Verwendung des DSC-Controllers benötigt. In den meisten Funksprüchen werden Rufzeichen und MMSI als Identifizierungsmerkmal mit ausgesendet.

Das Rufzeichen (Call Sign)

Jedes Fahrzeug erhält durch die Nummernzuteilung von der Bundesnetzagentur ein auf der Welt einmaliges Rufzeichen.

Dieses setzt sich bei Deutschen Sportbooten zusammen aus einem Landeskenner und vier Ziffern. Der Landeskenner in Buchstaben wird von der Internationalen Fernmeldeunion (ITU) vorgegeben. In Deutschland sind dies u. a. die Buchstabenkombinationen DA, DB, DF, DK oder DM.

DA4683

Gesprochen:
Delta - Alpha - four - six - eight - three

Gewerbliche Fahrzeuge sowie Sportboote mit mehr als 20m Länge, sowie Fahrzeuge, die in das Seeschiffsregister eingetragen sind, erhalten ein Rufzeichen aus vier Buchstaben vom zuständigen Amtsgericht am Eignerwohnsitz:

DCWA

Gesprochen:
Delta - Charly - Whiskey - Alpha

Da einmalig auf der Welt ist eine Schiffsfunkstelle über dieses Rufzeichen für eine Behörde eindeutig identifizierbar. Innerhalb von Funksprüchen ist das Rufzeichen bei der Identifizierung eines Fahrzeugs mit auszusprechen.

FUNKBETRIEBSZEUGNIS SRC
Zur Vorbereitung auf die theoretische und praktische Prüfung.

Lernstandskontrolle IV

1. Welche Behörde erteilt in Deutschland sechsstellige Rufzeichen für Seefunkstellen?
Bundesnetzagentur (BNetzA), Außenstelle Hamburg

2. Welche Behörde teilt einer in das Seeschiffsregister eingetragenen Yacht das mindestens vierstellige Unterscheidungssignal zu?
Seeschiffsregister des zuständigen Amtsgerichts.

3. Welche Art von Funkstelle hat z. B. das Rufzeichen "DDTW"?
Seefunkstelle an Bord eines deutschen Schiffes, eingetragen in das Seeschiffsregister

4. Was wird als "Maritime Mobile Service Identity" bezeichnet?
Rufnummer im Seefunkdienst

5. Wie lauten die Maritime Identification Digits (MID) für die Bundesrepublik Deutschland?
211 und 218

6. Welche Urkunde enthält die eigene Seefunkstellen-Rufnummer (MMSI)?
Zuteilungsurkunde (Ship Station Licence)

7. Wie setzt sich die Seefunkstellen - Rufnummer (MMSI) zusammen?
Neun Ziffern, wobei die ersten drei Ziffern die Seefunkkennzahl (MID) enthalten.

8. Wie setzt sich die Küstenfunkstellen - Rufnummer (MMSI) zusammen?
Neun Ziffern, die ersten beiden Ziffern Nullen, die nächsten drei Ziffern enthalten die Seefunkkennzahl (MID).

9. Welche Art von Funkstelle des Seefunkdienstes kennzeichnet die Ziffernfolge 002111240?
Deutsche Küstenfunkstelle

10. Woran ist die Nationalität der Seefunkstelle in der MMSI erkennbar?
Seefunkkennzahl (MID)

FUNKBETRIEBSZEUGNIS SRC
Zur Vorbereitung auf die theoretische und praktische Prüfung.

Sprechfunkrufe

... sind entsprechend ihrer Wichtigkeit in Ränge gegliedert:

1. **NOTVERKEHR**
2. **DRINGLICHKEITSVERKEHR**
3. **SICHERHEITSVERKEHR**
4. **ROUTINEVERKEHR**

Notverkehr
...beschreibt Situationen an Bord, bei welchen **akute Lebensgefahr** für Personen und/oder erhöhte Sachwerte besteht, und schnelle Hilfeleistung erforderlich ist. Eine Aussendung darf nur durch den Schiffsführer oder auf seine Anweisung hin erfolgen.

Beispiele: Herzinfarkt, Schlaganfall, nicht gestoppte Blutungen, Person über Bord, Verlassen des Schiffes.

Dringlichkeit
... definiert sich über Situationen an Bord, bei denen Hilfeleistung erforderlich ist, jedoch **keine lebensbedrohenden Gefahren** bestehen. Hierunter fallen auch Situationen, bei denen man unter Umständen die Situation mit Bordmitteln selbst noch klären könnte, aber dennoch Unterstützung wünscht.

Beispiele: Manövrierunfähigkeit in rauer See, Mastbruch, Wassereinbruch (der jedoch noch nicht zum Sinken führt), leichte Verletzungen, die aber durch einen Arzt abgeklärt werden sollten.

Im Rahmen einer Dringlichkeit kann über eine Küstenfunkstelle ein Gespräch mit einem Arzt aufgenommen werden, um medizinische Beratung zu erhalten. Eine solches funkärztliches Beratungsgespräch nennt man "Medico-Gespräch".

Sicherheitsmeldungen
...informieren über **Beeinträchtigungen für die Schifffahrt.** Hierzu zählen Starkwind- und Sturmwarnungen, treibende Gegenstände im Wasser (Seecontainer, Baumstämme), Sperrungen von Fahrwassern oder Schleusen. Eine Sicherheitsmeldung fordert keine Hilfeleistung für Personen oder Schiffe an, sondern hat lediglich informativen Charakter.

Routinegespräche
...umfassen alle Nachrichten, die **nicht zu Not, Dringlichkeit oder Sicherheit** gehören. Beispiele sind Anfragen nach einem Liegeplatz im Hafen, kurze und private Gespräche ("soziale Nachrichten") mit anderen Schiffen, Anmeldung bei Schleusen.

FUNKBETRIEBSZEUGNIS SRC
Zur Vorbereitung auf die theoretische und praktische Prüfung.

Funkkanäle

Es stehen uns auf der Ultrakurzwelle (UKW) insgesamt 57 Kanäle zur Verfügung. Dies sind die Kanäle **1 - 28** und **60 - 88.**

Damit der Funkverkehr harmonischer verläuft sollen Funksprüche entsprechend ihrer Art nur auf dafür vorgesehenen Kanälen gesendet werden.

Der wichtigste Kanal für die Schifffahrt ist der **Kanal 16.** Er wird als "Not- und Anrufkanal" bezeichnet und ist von jeder Schiffsfunkstelle abzuhören, sofern diese nicht gerade in ein Gespräch auf einem anderen Kanal verwickelt ist.

Grundsätzlich ist eine Schiffsfunkstelle (Seefunkstelle) also auf Kanal 16 erreichbar und kann dort angesprochen werden. Ziel ist jedoch, den Kanal für wichtige Nachrichten frei zu halten, d. h. für Not-, und Dringlichkeitsmeldungen.

Das bedeutet, dass bei bestimmten Nachrichten die Schiffsfunkstellen auf Kanal 16 angesprochen werden, das Gespräch dann aber auf einem anderen verabredeten Kanal stattfinden muss.

Kanal 16 ist in diesem Fall der Anrufkanal, während der Kanal auf dem das eigentliche Gespräch geführt wird, der Arbeitskanal ist.

Grundsätze

Funksprüche sind stets so kurz wie möglich zu halten, damit auch andere den gleichen Funkkanal für Ihren Zweck benutzen können, denn es können nicht zeitgleich verschiedene Teilnehmer sprechen. Laufende Funksprüche können in der Regel auch nicht unterbrochen werden.

Insbesondere lange, private Gespräche sind zu vermeiden. Wir erinnern uns: Das Funksystem ist konzipiert für eine schnelle und effiziente Möglichkeit, in Not-, Dringlichkeits-, und Sicherheitsfällen alarmieren zu können!

FUNKBETRIEBSZEUGNIS SRC
Zur Vorbereitung auf die theoretische und praktische Prüfung.

Die wichtigsten Kanäle sind:

16	Allgemeiner Not- und Anrufkanal, **Hörwache!**
06	On-Scene-Kommunikation, Abwicklung von Funkverkehr im Seenotfall vor Ort. ("SAR" - Search and Rescue)
08, 13	Ausweichkanal falls Kanal 16 und 06 belegt sind.
15, 17	Interner Bordfunk
70	Kanal für den DSC-Controller, darf nicht für Sprechfunk benutzt werden.
72, 77	Soziale Nachrichten ("Privater Plausch") zwischen Seefunkstellen Kanal 69 ist auch möglich, jedoch nur in Deutschland und nicht im Ausland.
75, 76	Funkverkehr zu navigatorischen Zwecken zwischen Schiffsfunkstellen.
87, 88	AIS - Kanäle, dürfen nicht für Sprechfunk benutzt werden.

Sendeleistung

Unser Gerät lässt sich auf zwei Sendeleistungen einstellen: 1 Watt oder 25 Watt. Die Sendeleistung beträgt jedoch nicht exakt 1 Watt bzw. 25 Watt. In Wirklichkeit bedeutet die Einstellung, dass die Leistung **maximal** 1 Watt bzw. **maximal** 25 Watt beträgt.

Die tatsächliche Sendeleistung ist abhängig von verschiedenen Faktoren wie z. B. einer geeigneten und funktionierenden Antenne.

In Not-, Dringlichkeits-, und Sicherheitsfällen sind im Seefunk grundsätzlich 25 Watt Sende-leistung zu verwenden. Darüber hinaus auch grundsätzlich beim Funkverkehr mit Küstenfunkstellen, d. h. unabhängig von der Wichtigkeit der eigentlichen Nachricht.

Da wir uns die zur Verfügung stehenden Kanäle mit anderen teilen müssen und jedem die Möglichkeit gegeben werden soll, seinen Funkspruch absetzen zu können muss bei bestimmten Meldungen die Leistung auf 1 Watt reduziert werden:

FUNKBETRIEBSZEUGNIS SRC
Zur Vorbereitung auf die theoretische und praktische Prüfung.

- >> Interner Bordfunk, z. B. Brücke zum Maschinenraum. (Kanäle 15 und 17)
- >> Funkverkehr zu navigatorischen Zwecken (Kanäle 75 und 76)
- >> Routinegespräche im Nahbereich (mit anderen Schiffen bzw. Yachthäfen)
  (Kanäle 69, 72, 77, sowie der vom Hafen ausgewiesene Kanal)

Zusammenfassung

Notverkehr ist vorzugsweise auf Kanal 16 zu führen, es darf jedoch auch jede andere, geeignete Frequenz benutzt werden.

Der Kanal 16 ist gedacht für:

- >> Die **Aussendung von Notverkehr** und der Abwicklung des Notfalls.
  Um den Kanal für andere freizugeben, wird die Kommunikation im Seenotfall auf Kanal 6 verlagert.

- >> Die **Aussendung von Dringlichkeitsmeldungen** und der Abwicklung des Falls. Sofern zeitgleich Notverkehr läuft, darf die Dringlichkeit nur angekündigt werden.
  Die Aussendung der Dringlichkeitsmeldung muss dann auf einem anderen Kanal erfolgen.

- >> Die **Ankündigung von Sicherheitsmeldungen**. Die eigentliche Sicherheitsmeldung darf nicht auf Kanal 16 gesendet werden!

Binnenfunk?

Im Binnenfunk müssen die Geräte die Sendeleistung auf bestimmen Funkkanälen **automatisch** auf 1 Watt Sendeleistung reduzieren.
Darüber hinaus muss im Binnenbereich die sogenannte "ATIS-Kennung", eine Identifikationsnummer, automatisch vom Gerät ausgesendet werden.
Seefunkgeräte verfügen nicht über die automatische Reduzierung und senden auch nicht automatisch die Kennung. Daher dürfen reine Seefunkgeräte nicht am Binnenfunk teilnehmen. Soll das Gerät sowohl am Binnen- als auch am Seefunkdienst teilnehmen dürfen, so wird eine umschaltbare Kombianlage benötigt.

FUNKBETRIEBSZEUGNIS SRC
Zur Vorbereitung auf die theoretische und praktische Prüfung.

Lernstandskontrolle V

1. Welche UKW-Kanäle sind international ausschließlich für den Funkverkehr zwischen Seefunkstellen vorgesehen?
Kanäle 06, 08, 72 und 77

2. Für welchen Funkverkehr dürfen die UKW-Kanäle 75 und 76 benutzt werden?
Funkverkehr, der ausschließlich die Navigation betrifft.

3. Wie werden die internationalen Kanäle im UKW - Seefunkbereich bezeichnet?
Kanal 1 bis 28 und 60 bis 88

4. Welche UKW-Kanäle benutzen Sportfahrzeuge für den Funkverkehr untereinander vorzugsweise in den deutschen Hoheitsgewässern?
Kanäle 69 oder 72

5. Wie ist die Rangfolge der Aussendungen im Seefunkdienst festgelegt?
Not, Dringlichkeit, Sicherheit, Routine

6. Was zeigt das Dringlichkeitszeichen an?
Die rufende Funkstelle hat eine sehr dringende Meldung auszusenden, welchen die Sicherheit einer mobilen Einheit oder einer Person betrifft.

7. Welchen Inhalt kann eine Sicherheitsmeldung haben?
Wichtige nautische Warnnachricht oder eine wichtige Wetterwarnung.

8. Wie bezeichnet man ein funkärztliches Beratungsgespräch?
Medico-Gespräch.

9. Der UKW-Kanal 70 dient ausschließlich dem Zweck der Aussendung....
...des Digitalen Selektivrufs.

10. Welchen Zwecken dient der UKW-Kanal 16 (156,8 MHz) im Seefunkdient?
Notverkehr, Dringlichkeitsverkehr, Ankündigung einer Sicherheitsmeldung, Anrufkanal

11. Auf welchem UKW-Kanal sollte ein Sportfahrzeug in der Regel empfangsbereit sein, wenn es sich auf See befindet und nur mit einer UKW-Sprechfunkanlage ausgerüstet ist?
Kanal 16.

12. Welcher UKW-Kanal ist vorzugsweise für den Schiff-Schiff-Verkehr und für koordinierte Such- und Rettungseinsätze (SAR) vorgesehen?
Kanal 06.

13. Welchen Zwecken dienen der Anrufkanal und ein Arbeitskanal?
Anrufkanal zur Verbindungsaufnahme, Arbeitskanal zur Abwicklung des weiteren Funkverkehrs.

14. Für welchen Funkverkehr dürfen die UKW - Kanäle 75 und 76 benutzt werden?
Funkverkehr, der ausschließlich die Navigation betrifft.

FUNKBETRIEBSZEUGNIS SRC
Zur Vorbereitung auf die theoretische und praktische Prüfung.

15. Was ist "On-Scene Communication"?
Funkverkehr im Seenotfall vor Ort

16. Was bedeutet "Funkverkehr vor Ort"?
Funkverkehr zwischen dem Schiff in Not und den Fahrzeugen, die Hilfe leisten sowie dem Schiff in Not und dem Fahrzeug, das die Suche und Rettung koordiniert.

17. Wer darf das Aussenden einer Notmeldung im Seefunkdienst veranlassen?
Fahrzeugführer

18. Auf welchem Kanal müssen alle mit DSC ausgerüsteten seegehenden Schiffe im Weltweiten Seenot- und Sicherheitsfunksystem (GMDSS) empfangsbereit sein?
Kanal 70

19. Wann liegt ein Seenotfall vor, der das Aussenden des Notzeichens im Sprechfunk rechtfertigt?
Wenn ein Schiff oder eine Person von einer ernsten und unmittelbaren Gefahr bedroht ist und sofortige Hilfe benötigt.

20. Welche Priorität der Alarmierung ist zu wählen, wenn sich eine Person in Lebensgefahr befindet und Hilfe benötigt?
Notfall

21. Welche Frequenzen dürfen neben den Notfrequenzen für die Aussendung einer Notmeldung im Seefunkdienst benutzt werden?
Jede andere verfügbare und geeignete Frequenz.

22. Auf welchem UKW-Kanal findet der Notverkehr vorzugsweise statt?
Kanal 16

23. Welche Meldungen dürfen im Weltweiten Seenot- und Sicherheitsfunksystem (GMDSS) auf UKW-Kanal 16 (156,8 MHz) übermittelt werden?
Notmeldungen, Dringlichkeitsmeldungen und die Ankündigung von Sicherheitsmeldungen.

24. Zur Teilnahme am Binnenschifffahrtsfunk muss eine Seefunkstelle...
..mit einer umschaltbaren "Kombi-Anlage für Seefunkdienst und Binnenschifffahrtsfunk" oder einer zusätzlichen Sprechfunkanlage für den Binnenschifffahrtsfunk ausgerüstet werden.

FUNKBETRIEBSZEUGNIS SRC
Zur Vorbereitung auf die theoretische und praktische Prüfung.

Technik: Gerät und Antenne

Mit unserer Antenne möchten wir eine möglichst hohe Reichweite erzielen. Dazu muss die Antenne **so hoch wie möglich** angebracht werden.

Die Funkwellen breiten sich **geradlinig** aus, ähnlich wie auch Lichtwellen. Dies bezeichnet man als **"quasioptisch"**. Steht die Antenne also schräg, verschlechtern wir die Abstrahlung und verkürzen deutlich die Reichweite. Sie muss also vertikal montiert werden.

Die Funkwellen der Ultrakurzwelle können der Erdkrümmung nicht folgen. Daher ist die Reichweite eingeschränkt, allerdings stellen atmosphärische Störungen kein Problem dar, wie es bei der Grenz-, und Kurzwelle der Fall ist.

Wird nur ein starkes Rauschen empfangen, so könnte die Antenne selbst oder aber das Kabel defekt sein. Defekte Kabel können Kurzschlüsse verursachen und sogar Benzindämpfe und Gas in Brand setzen. Sie müssen daher umgehend repariert bzw. ausgetauscht werden.

Metallische Gegenstände in der Nähe der Antenne sowie andere Antennen (z. B. von Radargeräten) können den Sende-, und Empfangsbetrieb stören.

Wird die ganze Antenne erneuert, so ist beim Kauf darauf zu achten, dass sie auch für den **Frequenzbereich des Seefunks** geeignet ist. Andere Antennen wie z. B. von Autoradios können und dürfen nicht verwendet werden.

Technik: Spannung & Stärke

Schiffsführer sollten darüber informiert sein, welche Spannung nötig ist, um das Gerät zu betreiben. Hier hilft die Bedienungsanleitung des Gerätes weiter. In der Regel liegt die Spannung bei einem 12V - Bordnetz zwischen **10,8 und 14,6 Volt.**

Moderne Geräte warnen durch akustisches bzw. optisches Signal im Display, wenn die Spannung auf kritisches Niveau abfällt. So ist gewährleistet, dass im Notfall noch ein Funkspruch abgesetzt werden kann, bevor die Spannung soweit abgefallen ist, dass das Gerät nicht mehr funktionieren wird.

Die Stromaufnahme einer Seefunkanlage liegt im Empfangsbetrieb bei ca. 0,3-1 Ampère. Im Sendebetrieb steigt die Stromaufnahme auf ca. 4 bis 8 Ampère. Der Skipper sollte ebenfalls Kenntnis über seine Batteriekapazitäten haben.

FUNKBETRIEBSZEUGNIS SRC
Zur Vorbereitung auf die theoretische und praktische Prüfung.

Beispiel: Die an Bord befindliche Batterie hat eine Kapazität von 100 Amperestunden (Ah).

Stromaufnahme im Empfangsbetrieb:
1 Ampère
100Ah : 1Ah = 100 Stunden Empfang am Stück und die Batterie wäre restlos leer.

Stromaufnahme im Sendebetrieb: 8 Ampère
100Ah : 8Ah = 12,5 Stunden Senden am Stück und die Batterie wäre restlos leer.

> **❗ Eine Batterie darf niemals vollständig entladen werden! Eine Restkapazität von 20% sollte vorgehalten werden!**

Simplex, Duplex und Semi-Duplex

Das Gerät sendet auf dem von uns eingestellten Kanal, sobald die Sprechtaste ("PTT-Taste, Push to talk") am Mikrofon gedrückt-, und festgehalten wird. Der Empfänger hat keine Möglichkeit, uns zu unterbrechen, er ist "gezwungen" zu hören. Er kann erst sprechen, sobald wir unsere Sprechtaste loslassen. Nun sind wir "gezwungen", zuzuhören.

Für das Senden und Empfangen wird die gleiche Frequenz benutzt. Wir sprechen vom **"Simplex-Modus"** oder vom **"Wechselsprechen"**, da wir abwechselnd (im Wechsel) sprechen müssen.

> **❗ Der Simplexmodus ist eine Einweg-Verbindung. Sender und Empfänger können entweder hören oder sprechen. Üblich im Schiff-Schiff-Verkehr.**

Landfunkstellen und die Großschifffahrt arbeiten mit höherwertigeren Geräten als die Sportschifffahrt und nutzen eine Frequenz zum Senden, und gleichzeitig eine andere Frequenz für den Empfang. Es kann gleichzeitig gesprochen und auch gehört werden, ähnlich wie beim Telefonieren. Man könnte seinem Gegenüber somit "ins Wort fallen".

FUNKBETRIEBSZEUGNIS SRC
Zur Vorbereitung auf die theoretische und praktische Prüfung.

Diese Betriebsart nennt man "Duplex-Modus" oder "Gegensprechen". (Sinnbildlich: Man kann "gegeneinander" sprechen.) Das Funkgerät informiert uns, sobald es sich bei dem eingestellten Kanal um einen Duplex-Kanal handelt; es erscheinen die Buchstaben "DUP" im Display.

> **!** Im **Duplexmodus** können Empfänger und Aussender gleichzeitig hören und sprechen, da zwei Frequenzen benutzt werden

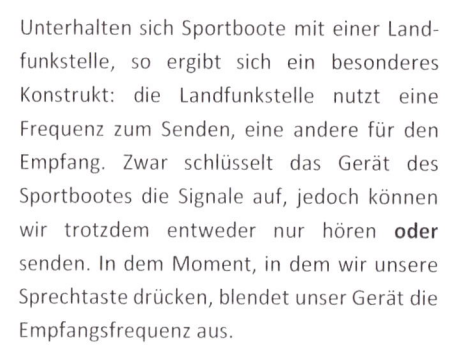

Unterhalten sich Sportboote mit einer Landfunkstelle, so ergibt sich ein besonderes Konstrukt: die Landfunkstelle nutzt eine Frequenz zum Senden, eine andere für den Empfang. Zwar schlüsselt das Gerät des Sportbootes die Signale auf, jedoch können wir trotzdem entweder nur hören **oder** senden. In dem Moment, in dem wir unsere Sprechtaste drücken, blendet unser Gerät die Empfangsfrequenz aus.

Mit unserem Simplex - Gerät nehmen wir also Kontakt zu einem Duplex - Gerät auf. Es vermischen sich quasi zwei Systeme und wir sprechen vom "Semi-Duplex-Modus".
Die Praxis macht es deutlich, wenn wir z. B. die Antwort einer Schleuse an ein Berufsschiff hören, jedoch die vorhergehende Frage des Berufsschiffs nicht gehört haben.

> **!** Beim **Semi-Duplex-Modus** kann die Simplex-Funkstelle (Sportboot) entweder hören oder senden, während die Duplex-Funkstelle gleichzeitig hören und senden kann.

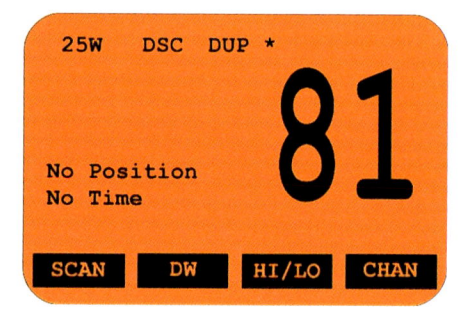

Mit „DUP" findet sich im Display der Hinweis auf einen Duplex-Kanal

FUNKBETRIEBSZEUGNIS SRC
Zur Vorbereitung auf die theoretische und praktische Prüfung.

Handsprechfunkgeräte

Im Binnenfunk für Sportboote verboten - im Seebereich gerne gesehen!
Handsprechfunkgeräte eignen sich besonders für den internen Bordfunk (z. B. bei Ankermanövern) und lassen sich hervorragend mit in Überlebensfahrzeuge (Rettungsinseln) mitnehmen. So kann auch nach dem Verlassen des Schiffes noch Funkverkehr gesendet werden und Kontakt mit den Rettungskräften aufgenommen werden.

Aufgrund geringerer zur Verfügung stehender Sendeleistung (in der Regel max. 5 Watt) und der kurzen Antennenlänge bieten Handfunkgeräte nur eine begrenzte Reichweite. Allerdings spielen Wettereinflüsse beim Senden und Empfangen keine Rolle.

Testsendungen

Testsendungen - z. B. nach der Reparatur eines Kabels oder nach dem Austausch der Antenne - sind erlaubt.
Die Testsendung darf eine Dauer von 10 Sekunden jedoch nicht überschreiten. Innerhalb der Nachricht muss das Wort "Test" vorkommen, sowie die Kennung, d. h. der Name und das Rufzeichen des sendenden Schiffes.

All stations

This is

Sailing Yacht Kharma / DC1235

This is a test, test, test

Over

FUNKBETRIEBSZEUGNIS SRC
Zur Vorbereitung auf die theoretische und praktische Prüfung.

Lernstandskontrolle VI

1. Das Seefunkgerät nimmt beim Empfang einen Strom von 0,5 Ampère auf. Wie lange kann das Funkgerät im Empfangsbetrieb an einer Batterie ohne Nachladen überschlägig betrieben werden, wenn die Kapazität 60 Amperestunden beträgt?
120 Stunden

2. Welche Auswirkungen auf die Betriebsdauer einer Batterie hat der Sendebetrieb einer Seefunkanlage im Vergleich zum Empfangsbetrieb?
Betriebsdauer wird verkürzt.

3. Wie hoch ist die mittlere Stromaufnahme einer UKW-Seefunkanlage im Empfangsbetrieb?
Je nach Anlage zwischen 0.3A und 1A.

4. Wie hoch ist die mittlere Stromaufnahme einer UKW-Seefunkanlage im Sendebetrieb bei 25 Watt Sendeleistung?
Zwischen 4 und 8 Ampère

5. Was kennzeichnet die Betriebsart "Duplex"?
Gegensprechen auf zwei Frequenzen

6. Was kennzeichnet die Betriebsart "Simplex"?
Wechselsprechen auf einer Frequenz

7. Welche Betriebsart wird als "Semi-Duplex" bezeichnet?
Wechselsprechen auf zwei Frequenzen

8. Atmosphärische Störungen des Funkverkehrs sind...
Im Seefunkverkehr im VHF-Bereich kein Problem.

9. Wie breiten sich Ultrakurzwellen (UKW/VHF) aus?
Geradlinig und quasioptisch

10. Wovon hängt die Reichweite einer UKW-Funkanlage hauptsächlich ab?
Antennenhöhe

11. Wie sollen UKW - Antennen ausgerichtet werden?
Vertikal

12. Wodurch kann die Abstrahlung der Sendeenergie einer UKW - Anlage auf einem Schiff wesentlich beeinträchtigt werden?
Metallische Gegenstände in der Nähe der Antenne

13. Was hat keinen Einfluss auf die Reichweite eines UKW – Handsprechfunkgerätes?
Schlechtes Wetter

14. Für welche Verkehrsabwicklungen werden UKW-Handsprechfunkgeräte vorzugsweise verwendet?
Funkverkehr an Bord, Funkverkehr Schiff-Überlebensfahrzeug

FUNKBETRIEBSZEUGNIS SRC
Zur Vorbereitung auf die theoretische und praktische Prüfung.

15. Was ist bei Testsendungen im Sprech-Seefunkdienst zu beachten?
Die Aussendungen dürfen 10 Sekunden nicht überschreiten, müssen mit dem Wort "Test" und mit einer Kennung des Schiffes ausgestrahlt werden.

16. Welche Betriebsart wird für den Schiff - Schiff - Verkehr auf UKW im Sprechfunkverfahren verwendet?
Wechselsprechen auf einer Frequenz

GMDSS – Geräte: DSC-Controller

Zu den Geräten aus dem GMDSS gehört u. a. der DSC-Controller. Modernerweise ist der DSC-Controller im Sprechfunkgerät integriert. Ob das Gerät einen integrierten DSC-Controller hat, oder nicht, ist gut an der "Distress-Taste" zu erkennen, die sich hinter einer roten Sicherheitsklappe verbirgt. Verfügt das Gerät nicht über eine solche Taste, ist auch kein Controller integriert.

FUNKBETRIEBSZEUGNIS SRC
Zur Vorbereitung auf die theoretische und praktische Prüfung.

DSC bedeutet "Digital Selective Calling", was wiederum für "digitalen Selektivruf" steht. Hierunter verbirgt sich die Möglichkeit, eine digitale Nachricht in Textform an wahlweise

>> einen einzelnen Empfänger
(= "Individual Call")
>> eine vom Nutzer definierte Gruppen von Empfängern
(= "Group Call")

oder

>> an alle DSC-Controller in Reichweite senden zu können.
(= "All Ships Call")

Für das Aussenden und das Empfangen nutzt der DSC-Controller vollautomatisch den UKW-Kanal 70. Dieser darf für Sprechfunk nicht benutzt werden, da dies DSC-Aussendungen blockieren würde.

Bildhaft kann man sich eine DSC-Nachricht als eine SMS via Handy vorstellen, bei der man auch einen Text an einen Empfänger, oder aber an eine bestimmte Gruppe von Empfängern, oder gar (rein hypothetisch) eine Nachricht an alle Handys in "Reichweite" senden kann.

Durch die digitale Übertragung haben wir eine deutlich größere Reichweite als bei analogen Übertragungen (Sprechfunk).

Während bei einer SMS der Text frei eingegeben werden kann, sind die Nachrichten über den DSC-Controller inhaltlich eingeschränkt. Wir erinnern uns: Das Funksystem ist dazu gedacht, Nachrichten auszutauschen, die sich auf die sichere Fahrt von Schiffen bzw. die Sicherheit von Menschen und/oder Maschine beziehen!

DSC-Nachrichten enthalten:

>> Identifikationsmerkmal des Absenders (MMSI) und die Information, an wen die Nachricht gerichtet ist (Individual Call, All Ships Call, Group Call)

>> Information über die Ranghöhe der Nachricht (Not, Dringlichkeit, Sicherheit, Routine)

>> ggf. Arbeitskanal, d. h. Funkkanal auf welchem "gleich" eine Sprechfunknachricht gesendet wird.

In Notfällen auf dem eigenen Schiff werden zusätzlich noch die Position nach geographischen Koordinaten (Breite und Länge) und die Uhrzeit gesendet. Dies ist jedoch nur möglich, wenn ein GPS-Empfänger an das Funkgerät angeschlossen ist, oder der Aussender die Position und Uhrzeit manuell eingegeben hat.

! Ausschließlich beim Notfall wird die Position übertragen! Bei anderen Alarmierungen (z. B. Dringlichkeit oder Sicherheit) wird keine Position vom Controller übermittelt!

FUNKBETRIEBSZEUGNIS SRC
Zur Vorbereitung auf die theoretische und praktische Prüfung.

In Notfällen kann zusätzlich die Art des Notfalls gesendet werden: Der DSC - Controller bietet dafür folgende Möglichkeiten, von denen **eine** ausgewählt und gesendet werden kann:

Undesignated	(unbestimmt)
Fire, Explosion	(Explosion und Feuer)
Flooding	(Wassereinbruch)
Collision	(Zusammenstoß)
Grounding	(Grundberührung)
Capsizing	(Kentern)
Sinking	(Sinken)
Disable Adrift	(Manövrierunfähigkeit, Treiben/Abdriften)
Abandoning	(Verlassen des Schiffes)
Piracy Attack	(Piraten - Angriff)
MOB	(Mensch über Bord)

Diese Notfallarten stehen weltweit in allen DSC-Controllern auf Sportbooten zur Verfügung.

> **!** Passen mehrere Möglichkeiten zur bestehenden Situation, so ist die zu wählen, die dem aktuellsten Zustand bzw. der Situation entspricht. Ferner ist das Wohl des Menschen stets über das Wohl des Schiffes zu setzen!

Beispiel 1:
"Wassereinbruch nach einer Kollision mit einem Unterwasserhindernis. Das Schiff sinkt".

Theoretisch wäre hier Wassereinbruch (Flooding), Kollision (Collision) oder Sinken (Sinking) möglich. Der aktuellste Zustand ist zu wählen, in diesem Fall also Sinken (Sinking).

Beispiel 2:
"Wassereinbruch nach einer Kollision mit einem Unterwasserhindernis. Das Schiff sinkt. 4 Personen verlassen das Schiff."

Theoretisch wäre hier Wassereinbruch (Flooding), Kollision (Collision), Sinken (Sinking) oder Verlassen des Schiffes (Abandoning) möglich.

Grundsätzlich hat der Mensch so lange an Bord zu bleiben, wie nur möglich. Das Sinken scheint so weit fortgeschritten zu sein, dass die Personen das Schiff aufgeben müssen. Der Mensch steht über der Maschine und somit wäre in diesem Fall "Verlassen des Schiffes", also "Abandoning" zu wählen.

DSC-Controller: Sinn und Zweck

Warum wurden DSC-Controller im GMDSS (Global Maritime Distress and Safety System) etabliert?

Wir erinnern uns:
Funkkanäle müssen wir uns mit allen anderen Verkehrsteilnehmern in einem bestimmten Umkreis teilen. Würden alle wild durcheinander sprechen und Meldungen unterschiedlichster Art (besser: von unterschiedlicher Wichtigkeit) auf dem gleichen Kanal absetzen, wäre ein gigantisches Chaos vorprogrammiert. Zweifelsohne sind Nachrichten zur Hilfeleistung bei Notfällen natürlich auch deutlich wichtiger, als das Absetzen einer Meldung über einen treibenden Baumstamm im Wasser.

Wir stellen uns einmal vor, eine Funkstelle befindet sich in Not und auf Kanal 16 läuft dazu der entsprechende Funkverkehr. Gerät ein zweites Schiff in eine Dringlichkeitssituation, wird die Situation ebenfalls via Sprechfunk bearbeitet. Erfolgt dies ebenfalls auf Kanal 16, würde es jedoch den laufenden Notverkehr stören.

Und genau an dieser Stelle kommt der DSC-Controller ins Spiel. **Er ist ein System zur Vorankündigung.**
Mit ihm haben wir die Möglichkeit, andere Funkstellen darüber zu informieren, dass wir gleich einen Sprechfunkruf auf einem bestimmten Kanal senden werden. Wir können also Land- und Schiffsfunkstellen auf einen von uns ausgesuchten Funkkanal "lotsen" oder "locken", ohne den laufenden Notverkehr zu stören.

Der DSC-Controller übermittelt die Wichtigkeit der Nachricht (hier: Dringlichkeit, "Urgency"), unsere MMSI als Identifikationsmerkmal, sowie den von uns ausgesuchten Arbeitskanal (Sprechfunkkanal).

Die Aussendung löst bei den Empfängern ein **optisches und akustisches Signal** aus (= Selektivruf). Das bedeutet, dass die Geräte über eine eingegangene Nachricht informieren und einen Alarmton von sich geben.

Jeder, der nicht gerade in anderen bzw. wichtigeren Funkverkehr involviert ist, quittiert durch einen kurzen Tastendruck die Nachricht. Sein Sprechfunkgerät springt nun automatisch auf den innerhalb unserer DSC-Nachricht eingebetteten Arbeitskanal. Nun braucht der Empfänger nur noch auf die Aussendung des Funkspruchs zu warten.

FUNKBETRIEBSZEUGNIS SRC
Zur Vorbereitung auf die theoretische und praktische Prüfung.

! Da heutzutage noch nicht alle Sportboote über einen DSC-Controller verfügen, müssen daher die Ankündigungen und Anrufe **auch im Sprechfunkverfahren** auf Kanal 16 gesendet werden, damit auch Teilnehmer ohne DSC eine Chance haben, auf einen anderen Kanal zu wechseln und eine Dringlichkeits- oder Sicherheitsmeldung hören zu können. Es darf also nicht ausschließlich per DSC angekündigt werden!

Läuft auf Kanal 16 wichtigerer Funkverkehr, senden wir unsere Ankündigung in einer Sprechpause, was nicht als "stören des Funkverkehrs" betrachtet wird. Erst anschließend wird die eigentliche Nachricht auf dem ausgewählten Arbeitskanal im Sprechfunk gesendet.

DSC-Controller: Küstenfunkstellen

Küstenfunkstellen überwachen den Sprechfunkkanal 16, als auch den DSC - Kanal 70. So auch die Seenotleitstelle Bremen (Bremen Rescue Radio). Sofern wir nicht außerhalb der Reichweite liegen, erhalten Küstenfunkstellen unsere "All Ships Calls" über den DSC-Controller, oder wir können Sie per "Individual Call" kontaktieren. Für den Individual Call benötigen wir die MMSI der Küstenfunkstelle, die wir dem "Funkdienst für die Klein- und Sportschifffahrt"

oder dem "Handbuch Nautischer Funkdienst" entnehmen können.

Im Falle eines Individual Call erhält die Küstenfunkstelle die Information, dass wir ein Gespräch führen möchten. Je nach Wichtigkeit unserer Meldung (z. B. Dringlichkeit, Sicherheit oder Routine) wird sie sich per DSC bei uns melden. Wir erhalten eine DSC-Nachricht, die wir per kurzem Tastendruck bestätigen. Mit der Bestätigung springt das Sprechfunkgerät automatisch auf einen Funkkanal. Diesen Kanal (Arbeitkanal) hat uns die Küstenfunkstelle in ihrer DSC-Meldung zugewiesen. Wir wissen nun, dass die Küstenfunkstelle für uns Zeit hat, und wir das Gespräch auf dem vorgeschlagenen Kanal beginnen können.

Ist ein Schiff nicht mit einem DSC-Controller ausgerüstet, so ist die Küstenfunkstelle auf ihrem Arbeitskanal anzurufen, der wiederum den Handbüchern entnommen werden kann. Vor der Kontaktaufnahme ist auch hier sicherzustellen, dass laufender Funkverkehr nicht gestört wird.

DSC-Controller: Kann oder muss?

Ist ein DSC-Controller vorhanden, so muss er zur Vorankündigung benutzt werden. Es darf nicht unterlassen werden, die Nachrichten per DSC anzukündigen!

FUNKBETRIEBSZEUGNIS SRC
Zur Vorbereitung auf die theoretische und praktische Prüfung.

Lernstandskontrolle VII

1. Welche Eigenschaften des "GPS" sind für eine GMDSS - Funkanlage von besonderer Bedeutung?
Mit Hilfe von GPS kann die genaue Position des Fahrzeugs bestimmt und übermittelt werden. Ebenso kann die genaue Zeit bestimmt werden.

2. Durch die Verbindung mit welchem Gerät ist gewährleistet, dass bei einem DSC-Notalarm die aktuelle Position automatisch mit ausgesendet wird?
GPS-Empfänger

3. Wer bestimmt bei einer Verbindung zwischen See- und Küstenfunkstelle den für die weitere Verkehrsabwicklung zu benutzenden Arbeitskanal?
Küstenfunkstelle

4. Wie ist im GMDSS zu verfahren, wenn eine dringende Meldung im UKW - Bereich auszusenden ist, welche die Sicherheit einer Person betrifft?
Ankündigung per Digitalen Selektivruf (DSC) auf Kanal 70 und Aussendung der Dringlichkeitsmeldung im Sprechfunk auf Kanal 16

5. Auf welchem Kanal ist eine Küstenfunkstelle zu rufen, die sowohl auf dem Kanal 70 als auch auf Kanal 16 sowie auf einem veröffentlichten Arbeitskanal empfangsbereit ist?
Kanal 70 oder Arbeitskanal.

6. Auf welchem Kanal wird eine Küstenfunkstelle ohne DSC im Routine-verkehr gerufen?
Arbeitskanal

7. Was ist vor dem Anruf auf einem Arbeitskanal zu beachten?
Der laufende Funkverkehr darf nicht gestört werden.

8. Auf welchen Kanälen ist Bremen Rescue Radio empfangsbereit?
Kanal 16 (Sprechfunk), Kanal 70 (DSC).

9. Wie ist zu verfahren, wenn während eines Notverkehrs auf Kanal 16 die Ankündigung einer Dringlichkeits- oder Sicherheitsmeldung "An alle Funkstellen" vorgenommen werden soll?
Ankündigung mittels Digitalen Selektivruf (DSC) auf Kanal 70, Ankündigung während einer Pause im Notverkehr auf Kanal 16, Aussendung der Meldung auf einem Schiff-Schiff-Kanal.

10. Auf welchem UKW-Kanal muss ein Sportboot empfangsbereit sein, wenn es sich auf See befindet und mit einer GMDSS-Seefunkanlage ausgerüstet ist?
Kanal 70.

FUNKBETRIEBSZEUGNIS SRC
Zur Vorbereitung auf die theoretische und praktische Prüfung.

Datum- / Zeitformat

Werden Positionen eingeben oder vom GPS an den Controller übermittelt, so gehört grundsätzlich auch eine Uhrzeit zur Position. Diese wird in der koordinierten Weltzeit (Universal Time, Co-ordinated, UTC) angegeben.

An Bord wird aber üblicherweise in "Bordzeit" ("Local Time, LT") gearbeitet. Die klassische Armbanduhr ist üblicherweise auf die Zeitzone eingestellt, in der man sich befindet. In deutschen Wintermonaten sind die Uhren auf "Mitteleuropäische Zeit" (MEZ) eingestellt. Diese Uhrzeit entspricht der Bordzeit (Local Time). Um auf UTC zu kommen, muss von der Mitteleuropäischen Zeit eine Stunde abgezogen werden.
In den Sommermonaten müssen von der Mitteleuropäischen Sommerzeit (MESZ) zwei Stunden abgezogen werden, um auf UTC zu kommen.

MEZ	-1 Stunde	= UTC
MESZ	-2 Stunden	= UTC

! Uhrzeiten beziehen sich immer auf die Position. Es geht darum auszudrücken, wann ein Schiff auf einer bestimmten Position steht. In Seenotfällen können die Seenotleitstellen mit Wind- und Strömungsdaten die Abdrift eines Bootes kalkulieren und das Suchgebiet eingrenzen.

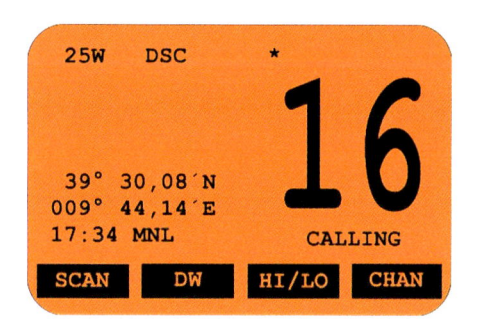

Tag- / Zeitgruppe

Im Funkwesen wird eine Tag- / Zeitgruppe verwendet, die folgendem Muster entspricht:

221345 UTC JUL

Die ersten beiden Ziffern bilden den Tag (Datum) ab, die nächsten vier Ziffern die Uhrzeit in Stunden und Minuten. Anschließend folgt - um Missverständnisse zu vermeiden - das Zeitformat und als letztes der Monat, auf welchen sich das Datum bezieht. Aus obigem Beispiel lässt sich lesen: 22. Juli, 13.45 Uhr nach UTC.

132312 MEZ JUN
13. Juni, 23.12 Uhr nach Mitteleuropäischer Zeit. Für Eingaben im DSC-Controller wäre 1 Stunde abzuziehen, um auf UTC zu kommen.

FUNKBETRIEBSZEUGNIS SRC
Zur Vorbereitung auf die theoretische und praktische Prüfung.

271212 MESZ APR

27. April, 12.12 Uhr nach Mitteleuropäischer Sommerzeit. Für Eingaben im DSC-Controller wären 2 Stunden abzuziehen, um auf UTC zu kommen.

ETA 171440 UTC MAY

ETA = "Estimated time of Arrival", geschätzte Ankunftszeit.
17. Mai, 14.40 Uhr nach UTC.

141915 LT AUG

14. August, 19.15 Uhr "Local Time", d. h. nach örtlicher Zeitzone (="Bordzeit"). In Deutschland entspricht dies der Mitteleuropäischen Sommerzeit (MESZ). Es wären für Eingaben im DSC-Controller 2 Stunden abzuziehen, um auf UTC zu kommen.

Seegebiete

Ziel des Global Maritime Distress and Safety System (GMDSS) ist es ebenfalls, möglichst weite Teile der Erde funktechnisch abzudecken und Hilfeleistungen zu ermöglichen.

Aus diesem Grund wurden die Weltmeere in vier **Seegebiete** ("Sea Area") aufgeteilt, die bei Ihrer Aufzählung an die Produktionsreihe eines namhaften deutschen Autoherstellers erinnern:

A1, A2, A3, A4

Je nach Gebiet -und demzufolge nach Küstenabstand- sind gewisse funktechnische Abdeckungen und Erreichbarkeiten gegeben. Darüber hinaus ist je nach Gebiet für funkausrüstungs-pflichte Schiffe ein bestimmter Ausrüstungsumfang vorgeschrieben.

Seegebiet A1

...bezeichnet einen Küstenbereich, der im Empfangsreichweite von mindestens einer UKW-Küstenfunkstelle liegt, die permanent auch für DSC-Alarmierungen zur Verfügung steht.

Das bedeutet?
Man befindet sich in einem Küstenbereich, in welchem die Küstenfunkstelle per **Sprechfunk**, als auch per **DSC** erreicht werden kann.
Typischer Küstenabstand: 30 - 40sm

FUNKBETRIEBSZEUGNIS SRC

Zur Vorbereitung auf die theoretische und praktische Prüfung.

Seegebiet A2
...bezeichnet einen Küstenbereich, der im Abdeckungsbereich von mindestens einer MF-Küstenfunkstelle liegt, die auch ununterbrochen für DSC-Alarmierungen zur Verfügung steht. Typischer Küstenabstand: ca. 180sm abzüglich der 30 - 40sm für das Seegebiet A1

Das bedeutet?
Man befindet sich in einer Entfernung zur Küste, in welchem die Küstenfunkstelle per **Grenzwelle im Sprechfunk** als auch per **DSC** erreicht werden kann. Mit UKW-Sprechfunk/DSC wäre die Küstenfunkstelle nicht mehr erreichbar.

Seegebiet A3
..bezeichnet einen Küstenabstand, in welchem geostationäre Satelliten des **Inmarsat- Systems** für Alarmierungen und Kommunikation zur Verfügung stehen oder alternativ die **Kurzwelle** für Sprechfunk und DSC-Alarmierungen.

Das bedeutet?
Man befindet sich außerhalb der Reichweite der Grenzwelle und muss zur Alarmierung auf **Satelliten** bzw. die Kurzwelle zurückgreifen. Typischer Küstenabstand: Jenseits der 180sm.

Seegebiet A4
...bezeichnet die Gebiete, die nicht zu A1, A2 und A3 gehören.

Das bedeutet?
Übrig bleiben die Polargebiete um den Nord- und Südpol, ca. von 76° Nördlicher Breite zum Nordpol bzw. ca. 76° Südlicher Breite bis zum Südpol.
Alarmierung ist über Satelliten möglich, darüber hinaus über die Kurzwelle per Sprechfunk und DSC.

FUNKBETRIEBSZEUGNIS SRC
Zur Vorbereitung auf die theoretische und praktische Prüfung.

Lernstandskontrolle VIII

1. Welche Publikationen des Bundesamtes für Seeschifffahrt und Hydrographie (BSH) enthalten speziell für die Sportschifffahrt Informationen zum Seefunk?
Funkdienst für die Klein- und Sportschifffahrt

2. Was ist eine "Sea-Area" im GMDSS?
Festgelegtes Seegebiet.

3. Welche Bezeichnung tragen die Seegebiete, in denen für Schiffe eine bestimmte Funkausrüstung international vorgeschrieben ist?
A1, A2, A3, A4

4. Eine Yacht befindet sich in einem Seegebiet, das von der Sprechfunkreichweite einer UKW-Küstenfunkstelle abgedeckt wird, die ununterbrochen für DSC - Alarmierungen zur Verfügung steht. In welchem Seegebiet befindet sich das Fahrzeug?
Seegebiet A1

5. Was bedeutet "ETA"?
Voraussichtliche Ankunftszeit

6. Wonach richten sich die Zeitangaben im Seefunkdienst?
Koordinierte Weltzeit (Universal Time Coordinated, UTC)

7. Welche Bedeutung hat die Zeitangabe "LT" (Local Time)?
Ortszeit, bezogen auf den Standort des Schiffes.

8. Welche Sendeleistungen lassen sich bei einer fest installierten UKW-Seefunkanlage schalten?
1 Watt oder maximal 25 Watt.

9. Was bedeutet "DSC" im mobilen Seefunkdienst?
Digitaler Selektivruf

10. Was ist ein "Digitaler Selektivruf"?
Digitale Aussendung, die bei der gerufenen Funkstelle ein optisches und akustisches Signal auslöst.

11. Welches technische Verfahren im GMDSS ermöglicht einer Seefunkstelle die Verkehrsaufnahme in Richtungen Schiff-Küstenfunkstelle und Schiff-Schiff?
DSC

12. Welcher Unterschied besteht in der Reichweite bei analoger (Sprechfunk) und bei digitaler Übertragung im UKW - Seefunkbereich?
Bei digitaler Übertragung deutlich größere Reichweite im Vergleich zur analogen Übertragung.

FUNKBETRIEBSZEUGNIS SRC
Zur Vorbereitung auf die theoretische und praktische Prüfung.

13. Welcher UKW - Kanal wird im weltweiten Seenot- und Sicherheitsfunksystem (GMDSS) für die digitale Ankündigung einer Dringlichkeitsmeldung benutzt?
Kanal 70

14. Auf welchem UKW - Kanal erfolgt die Alarmierung mittels DSC?
Kanal 70

SAR – Search & Rescue

An SAR-Maßnahmen ("Search and Rescue", Suche und Rettung) sind in der Regel mehrere Institutionen beteiligt. Wir unterscheiden in:

RCC   Rescue Co-Ordination Center (Rettungsleitstelle)

und

MRCC   Maritime Rescue Co-Ordination Center (Seenotleitstelle)

In den verschiedenen Ländern dieser Welt ist die Verfügbarkeit von Rettungsleitstellen und Seenotleitstellen unterschiedlich.

Länder mit RCC und MRCC:
Unser Notruf wird von einer Küstenfunkstelle empfangen und an ein RCC (Rescue Co-ordination-Center, Rettungsleitstelle) übermittelt. Die Aufgabe des RCC ist nun die Koordination von zur Verfügung stehenden Kräften und die Abwicklung der weiteren Gespräche, d. h. des Notverkehrs. Von ihr wird das MRCC verständigt, welches mit Schiffen zur Suche und Rettung ausrückt und somit für die Koordination der im Seenotfall zur Verfügung stehenden Kräfte verantwortlich ist.

Länder mit MRCC:
Deutschland verfügt beispielsweise nicht über eine Rettungsleitstelle, sondern ausschließlich über eine Seenotleitstelle. Diese wird von der DGzRS (Deutsche Gesellschaft zur Rettung Schiffbrüchiger) in Bremen geleitet und betrieben.
Ein Notruf wird direkt vom MRCC entgegengenommen und Rettungskräfte auf den Weg geschickt.

Sind mehrere Rettungskräfte vor Ort, so wird ein **"On Scene Co-ordinator" (OSC)** bestimmt. Er übernimmt die Leitung der Such- und Rettungsmaßnahmen vor Ort, kommuniziert mit dem Havaristen und meldet an die Seenotleitstelle.

Der Funkverkehr im Seenotfall wird "Funkverkehr vor Ort" bzw. "On-Scene Communication" genannt.

Besonders bei Rettungsaktionen werden im Funkverkehr durch die Rettungskräfte gern gewisse Redewendungen benutzt. Diese sind im "Handbuch für Suche und Rettung" aufgeführt, welches zum Preis von 18,- € beim Bundesamt für Seeschifffahrt und Hydrographie bestellt werden kann.

Um die Alarmierung zu erleichtern, stehen uns heutzutage viele Geräte, wie z. B. eine Seenotfunkbake ("EPIRB") oder ein Radartransponder ("SART") zur Verfügung. Geräte zum reinen Empfang von UKW - Signalen sind nicht zur Alarmierung und Auffinden des Havaristen geeignet.

Notizen:

FUNKBETRIEBSZEUGNIS SRC
Zur Vorbereitung auf die theoretische und praktische Prüfung.

GMDSS: Die EPIRB

Zu den technischen Möglichkeiten des GMDSS gehört auch die EPIRB, die "Emergency Position Indicating Radio Beacon" oder zu Deutsch: Die Seenotfunkbake.

Die Seenotfunkbake sendet nach Ihrer Aktivierung ein Notsignal als auch ein Identifikationsmerkmal des Havaristen aus, und zwar die MMSI. Verfügt der Havarist über eine EPIRB mit integriertem GPS, so wird auch die Position übermittelt.

Die Signale der EPIRB werden auf der Frequenz **406 MHz** gesendet und von einem polumlaufenden Satellit des "Cospas- Sarsat"-Systems aufgenommen. Von ihm werden die Signale an eine Bodenstation abgegeben. Im Funkjargon nennen sich diese "LUT - Local User Terminal". Von dort aus werden die Signale in der Regel vollautomatisch an die nächstgelegene Seenotleitstelle (MRCC, Maritime Rescue Co-Ordination Center) weitergeleitet, die dann wiederum die Rettungskräfte auf den Weg bringt.

Gleichzeitig sendet die EPIRB "Homing-Signale" auf der Frequenz **121,5 MHz**. Dieses Signal kann von Search- and Rescue (SAR)-Flugzeugen und Schiffen als Peilsignal verwendet werden, um den Havaristen aufzufinden.

Wer nun denkt, dass eine Alarmierung über eine EPIRB massiv lange dauert, der irrt sich!

Bei integriertem GPS läuft der Alarm innerhalb der Seegebiete A1, A2 und A3 **nur wenige Minuten**.

Ohne integriertes GPS muss die Position des Havaristen durch einen überfliegenden LEOSAR-Satelliten mittels mehrfacher Messungen festgestellt werden. In diesem Fall kann die Alarmierung **bis zu 4 Stunden** dauern und die tatsächliche Position kann von der vom Satelliten gemessenen Position um bis zu 2sm (= 3,7km) abweichen!

Eine Seenotfunkbake (EPIRB) sollte griffbereit im äußeren Decksbereich montiert werden und darf selbstverständlich nur im Notfall, d. h. bei akuter Gefahr für Leib und Leben aktiviert werden.

Im Zuge der Aktivierung stehen zwei Möglichkeiten zur Verfügung:

a) manuell
b) automatisch per Wasserdruckauslöser

Moderne EPIRB´s verfügen über einen Wasserdruckauslöser: Gelangt die Seenotfunkbake ins Wasser, aktiviert der Wasserdruck die Bake automatisch.

Auf der Seenotfunkbake müssen Informationen wie MMSI, Seriennummer, sowie das Haltbarkeitsdatum von Batterie und Wasserdruckauslöser stets sichtbar sein.

Dem Skipper obliegt die regelmäßige Wartung der EPIRB. Insbesondere sind die

FUNKBETRIEBSZEUGNIS SRC
Zur Vorbereitung auf die theoretische und praktische Prüfung.

Haltbarkeitsdaten zu prüfen sowie die Funktion des Gerätes nach Herstellerangabe.

> **!** Bei vielen EPIRB´s erfolgt die manuelle Auslösung bereits durch das herausnehmen der EPRIB aus der Halterung! Vor der Wartung ist sicher zu stellen, dass kein Alarm ausgelöst wird!
> Hinweise dazu, sowie auf durchzuführende Testläufe finden sich stets auf dem Gerät.

GMDSS: NAVTEX

...steht für "Navigational Textmessages". Über ein Funk-Telexverfahren werden auf "erdnahen Frequenzen" Sicherheitsmeldungen sowie nautische Warnnachrichten gesendet. Die Warnnachrichten werden "MSI" genannt, was für "Maritime Safety Information" steht.

Für die Ausstrahlung werden zwei Frequenzen benutzt: **518 kHz und 490 kHz**. In Deutschland erfolgen die Aussendungen durch den Deutschen Wetterdienst (DWD) bzw. durch das Bundesamt für Seeschifffahrt und Hydrographie (BSH).

Moderne NAVTEX-Geräte bestehen aus einem Display, auf welchem die eingegangenen Nachrichten angezeigt, gespeichert, neu aufgerufen und schlussendlich gelöscht werden können. Manche Geräte verfügen über einen integrierten Drucker, mit welchem sich die Nachrichten auch ausdrucken lassen.

NAVTEX bietet viele Vorteile:
Nachrichtenempfang ist bis zu **600 Seemeilen** vom Sender entfernt möglich.

Der Sender (z. B. DWD, BSH oder ausländisch) kann vom Benutzer selbst ausgewählt werden. Auch bestimmte Arten von Meldungen können abgewählt werden, wobei das Abwählen von Navigationswarnungen **("NX")**, Search- and Rescue-Meldungen

FUNKBETRIEBSZEUGNIS SRC
Zur Vorbereitung auf die theoretische und praktische Prüfung.

("SAR") oder meteorologischen Meldungen ("WX") nicht möglich ist. Die Aussendung der Meldungen erfolgt immer in Landessprache des Senders, als auch in Englisch. Alle vier Stunden werden die Meldungen aktualisiert.

Die Arten der Meldungen sind mit Buchstaben gekennzeichnet. Hier einige Beispiele:

A	Navigationswarnungen
B	Meteorologische Warnungen
C	Eisberichte/Eisbergwarnung
D	SAR - Meldungen
E	Wettervorhersagen
J	Satelliten-Warnungen (z. B. GPS - Warnungen)

GMDSS: NAVAREA

Die Erde ist für die Ausstrahlung von "Maritime Safety Information (MSI)" via Navtex in 21 international festgelegte Gebiete eingeteilt. Hier einige Beispiele:

01.	Atlantik (Nord), Nord- & Ostsee
02.	Atlantik (Ost)
03.	Mittelmeer
04.	Atlantik West
05.	Brasilien
06.	Argentinien & Uruguay
07.	Südafrika
08.	Indien
09.	Arabien
10.	Australien
...	

Innerhalb eines Gebietes (Navarea) gibt es in der Regel mehrere Sender. In der Navarea "Atlantik Nord" gibt es beispielsweise u. a. einen Sender Svalbard (Norwegen), Grimeton (Schweden), Portpatrick (Großbritannien), Pinneberg (Deutschland) und Oostende (Belgien). Da nur zwei Frequenzen zur Verfügung stehen, sendet eine Station oftmals auf der gleichen Frequenz wie eine andere Station, in diesem Fall jedoch zu unterschiedlichen Zeiten.

Damit beim Empfang einer Nachricht unterschieden werden kann, von welcher Station die Nachricht gesendet worden ist, bzw. wir auswählen können, von welcher Station wir die Nachrichten empfangen wollen, sind die Stationen mit Buchstaben gekennzeichnet, wie auch in der NAVAREA 01 - Atlantik (Nord), Nord- & Ostsee:

A	Svalbard (NOR)
I	Grimeton (SWE)
O	Portpatrick (GBR)
S	Pinneberg (DEU)
T	Oostende (BEL)

FUNKBETRIEBSZEUGNIS SRC
Zur Vorbereitung auf die theoretische und praktische Prüfung.

Hier zwei Beispiele von Navtex - Meldungen aus dem Navarea 01:

```
<03.07.2017 13:51:55>
ZCZC LA37
NCC-HAMBURG
141230 UTC JUN 17
NAUT. WARN. NR. 360
OSTFRIESISCHE INSELN. LANGEOOG.
LEUCHTTONNE 'ACCUMER EE' NACH
53-47N 007-24E VERLEGT.
NNNN
```

```
<03.07.2017 19:15:16>
ZCZC TA16
010438 UTC JUL
OOSTENDERADIO MSI 345/17
IMO ROUTE / TSS WESTHINDER
EXPLOSIVE ON THE SEABED IN POSN
51-20.13N 002-21.85E
SHIPPING IS REQUESTED NOT TO ANCHOR
NOR TO FISH IN THE VICINITY.
NNNN
```

ZCZC	Startgruppe
T	Sendende Station im Navarea. Hier also Oostende.
A	Art der Meldung, hier: Navigationswarnung
16	Laufende Nummer der Meldung.
NNNN	Kennzeichnet das Ende der Nachricht

Lernstandskontrolle IX

1. Was bedeutet "NAVTEX"?
Nautische Warnnachrichten im Funktelex-verfahren

2. Wie heißt der Dienst, in dem Nachrichten für die Sicherheit der Seeschifffahrt (MSI) über terrestrische Frequenzen verbreitet werden?
NAVTEX

3. Welchen Dienst bieten der Deutsche Wetterdienst (DWD) und das Bundesamt für Seeschifffahrt und Hydrographie (BSH) auf den Frequenzen 518 kHz und 490 kHz gemeinsam an?
NAVTEX

4. Bis zu welcher Entfernung vom Standort des Senders können Sicherheitsmeldungen für die Seeschifffahrt im NAVTEX-Dienst empfangen werden?
ca. 600sm

5. Worauf muss beim Einstellen eines NAVTEX - Empfängers geachtet werden?
Einstellen der jeweiligen NAVTEX-Sender und Auswählen der Art der benötigten Meldungen.

6. Welche Informationen können bei der Programmierung eines NAVTEX-Empfängers nicht unterdrückt werden?
Navigationswarnungen, Meteorologische Warnungen und SAR-Meldungen

FUNKBETRIEBSZEUGNIS SRC
Zur Vorbereitung auf die theoretische und praktische Prüfung.

---

7. In welcher Sprache werden Nachrichten für die Sicherheit der Seefahrt (MSI) im NAVTEX-Dienst auf 490 kHz verbreitet?
Landessprache der Funkstelle

8. In welchen Zeitabständen werden die regelmäßigen NAVTEX-Informationen vom deutschen NAVTEX-Sender ausgesendet?
4 Stunden

9. Was bezeichnet "NAVAREA"?
International festgelegtes Vorhersage- und Seewarngebiet.

10. Was bezeichnet "SAR"?
Suche und Rettung

11. Welche Aufgabe hat der "On-Scene Co-ordinator" (OSC) im SAR-Fall?
Leitung der Such- und Rettungsmaßnahmen vor Ort

12. Welche Aufgabe hat ein "RCC" im Seenotfall?
Koordinierung der im Seenotfall zur Verfügung stehenden Kräfte und Abwicklung des Notverkehrs.

13. Welche Aufgabe hat ein "MRCC" im Seenotfall?
Koordinierung der im Seenotfall zur Verfügung stehenden Kräfte

14. Welche Aufgaben übernimmt die Seenotleitung (Maritime Rescue Co-ordination Center, MRCC) nach Eingang eines Notalarms?
Koordinierung und Information über die SAR-Maßnahmen.

15. Welche Veröffentlichung enthält die international entwickelten Redewendungen für Notfälle?
Handbuch für Suche und Rettung

16. Womit können im Notfall nach dem Verlassen des havarierten Schiffs keine Such- und Rettungsarbeiten ausgelöst bzw. erleichtert werden?
UKW - Empfänger

17. Wo soll eine Satelliten - Seenotfunkbake (EPIRB) an Bord eines Sportbootes installiert werden?
Im äußeren Decksbereich

18. Wann darf eine Satelliten-Seenotfunkbake (EPIRB) für eine Aussendung aktiviert werden?
Nur im Notfall

19. Wie kann eine Satelliten-Seenotfunkbake (EPIRB) im Notfall aktiviert werden?
Manuell oder automatisch

20. Wodurch wird eine EPIRB im Seenotfall automatisch aktiviert?
Wasserdruckauslöser

FUNKBETRIEBSZEUGNIS SRC
Zur Vorbereitung auf die theoretische und praktische Prüfung.

21. Welche Informationen enthält die Aussendung einer Satelliten-Seenotfunkbake (EPIRB)?
Notsignal, Identifikationsmerkmal, Position mittels GPS, wenn vorhanden

22. Wie lange dauert es in den Seegebieten A1 bis A3, bis der Alarm einer COSPAS-SARSAT-Satelliten-Seenotfunkbake (EPIRB) bei der zuständigen Seenotleitung (MRCC) aufläuft?
Wenige Minuten

23. Wie lange kann es unter ungünstigen Bedingungen von der Aktivierung einer COSPAS-SARSAT Satelliten-Seenotfunkbake ohne GPS bis zum Empfang der Position im MRCC dauern?
Bis zu 4 Stunden

24. Warum dauert es unter ungünstigsten Bedingungen von der Aktivierung einer COSPAS-SARSAT Satelliten-Seenotfunkbake ohne GPS bis zum Empfang der Position im MRCC bis zu vier Stunden?
Es müssen die Überflüge der umlaufenden COSPAS-SARSAT-Satelliten (LEOSAR) abgewartet werden.

25. Wie groß ist die maximale Abweichung der ermittelten von der tatsächlichen Position einer COSPAS-SARSAT-Seenotfunkbake (EPIRB) ohne GPS?
2sm

26. Zu welchem Zweck benutzen Satelliten-Seenotfunkbaken (EPIRB) die Frequenzen 121,5 MHz und 406 MHz?
121,5 MHz zur Zielfahrt (Homing), 406 MHz zur Alarmierung und Positionsbestimmung

27. Welche Informationen müssen an einer Satelliten-Seenotfunkbake (EPIRB) erkennbar sein?
Schiffsname/Rufzeichen/MMSI oder anderes Identifikationsmerkmal, Seriennummer, Haltbarkeitsdatum der Batterie, Haltbarkeitsdatum des Wasserdruckauslösers

28. Was ist zu tun, bevor die Satelliten-Seenotfunkbake (EPIRB) für Wartungszwecke aus ihrer Halterung entfernt wird?
Sicherstellen, dass kein Fehlalarm ausgelöst wird.

29. Welche Prüfungen sind an einer Satelliten-Seenotfunkbake (EPIRB) durchzuführen?
Haltbarkeitsdatum der Batterie, Haltbarkeitsdatum des Wasserdruckauslösers, Funktion entsprechend Herstellerangaben

30. Welche Funktion hat eine Satelliten-Seenotfunkbake (Emergency Position-Indicating-Radio Beacon, EPIRB)?
Alarmierung und Kennzeichnung der Notposition

FUNKBETRIEBSZEUGNIS SRC
Zur Vorbereitung auf die theoretische und praktische Prüfung.

GMDSS: SART

Der **"Search and Rescue Transponder"** ist auch ein Gerät des GMDSS (Global Maritime Distress and Safety System"). Auch über die SART kann der Havarist im Seenotfall auf sich aufmerksam machen.

Der Transponder lässt sich wunderbar auch in Überlebensfahrzeuge (z. B. Rettungsinsel) mit-nehmen. Nach der manuellen Aktivierung bleibt er zunächst im Standby und tut quasi "gar nichts". Treffen Radarstrahlen eines unter Radar fahrenden Schiffes auf den Transponder, so beginnt er zu senden. Auf einem Radarbildschirm wird der Havarist jetzt als eine aus zwölf Zeichen bestehende Linie dargestellt. Der unter Radar fahrende kann nun mittels seines Radargerätes auf den Havaristen zufahren und zur Hilfe kommen.

Die maximale Standby - Zeit eines handels-üblichen SART liegt bei **96 Stunden**. Die maximale "ununterbrochene" Sendezeit liegt bei **8 Stunden**. Der SART kann auf an-kommende Radarsignale im Radius von 5 Seemeilen (= ca. 9,3km) um den Havaristen reagieren und ist damit besonders in stark befahrenen Ge-wässern ein ausgezeichnetes Alarmierungs-mittel.

Wichtig zur richtigen Anwendung des SART ist, dass dieser -auch auf Überlebens-fahrzeugen- möglichst hoch gehalten - bzw. angebracht wird. Eine Hilfe ist der an der SART angebrachte schwarze Schaft, mit dem sich der Transponder höher halten lässt.

FUNKBETRIEBSZEUGNIS SRC
Zur Vorbereitung auf die theoretische und praktische Prüfung.

GMDSS: AIS

Das **"Automatic Transmitter Identification System"** (Automatisches Schiffsidentifizierungs-System) dient der Kollisionsverhütung. Zwar ist es auch ein Gerät aus dem GMDSS, jedoch dient es nicht der Alarmierung im Seenotfall.

Auf dem Markt gibt es reine Sende-, oder reine Empfangsgeräte, als auch kombinierte Sende- und Empfangsgeräte. Letztere machen in der Praxis am meisten Sinn. Wahlweise gibt es AIS-Geräte als eigenständiges Gerät, dass mit der Funkanlage verbunden werden muss, oder aber auch bereits in die Funkanlage integrierte Systeme.

Über die UKW - Funkkanäle **87** und **88** sendet das Gerät **statische, dynamische** und **reisebezogene Daten:**

Statische Daten:
Feste Schiffsdaten wie MMSI, Rufzeichen, Schiffsname

Dynamische Daten:
Kurs, Geschwindigkeit

Reisebezogene Daten:
Zielhafen, Voraussichtliche Ankunftszeit

Die AIS - Geräte der Berufsschifffahrt können mehr Daten übermitteln, wie z. B. Breite, Länge und Tiefgang und ihren Status wie z. B. "vor Anker", "manövrierunfähig" etc.

Das Display erinnert an einen Radarbildschirm, jedoch steht jeder auftauchende Pfeil bzw. Punkt für ein Fahrzeug, welches mit einem AIS-Sender ausgestattet ist. Etwaige Kollisionskurse können frühzeitig erkannt werden. Darüber hinaus sind alle zur Kontaktaufnahme nötigen Informationen (z. B. Schiffsname, Rufzeichen, MMSI) direkt auf dem Bildschirm sichtbar.

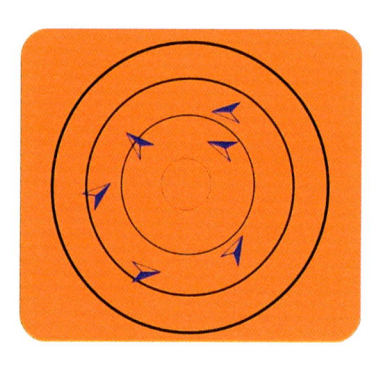

AIS ist eine ergänzende - aber keine ausschließliche - Technik zum Zwecke der Kollisionsvermeidung. Es können nur Schiffe dargestellt werden, die wenigstens mit einer AIS - Sendeanlage ausgestattet sind.

Durch ein hohes Datenaufkommen und temporäre Überlastungen der Funkkanäle ist es auch durchaus möglich, dass ein Schiff, das ein AIS - Signal aussendet, nicht auf anderen Geräten empfangen und dargestellt wird.

FUNKBETRIEBSZEUGNIS SRC
Zur Vorbereitung auf die theoretische und praktische Prüfung.

> **!** Interessante Einblicke bietet die Webseite www.marinetraffic.com
> Dort kann das aktuelle Verkehrsgeschehen anhand von AIS-Daten eingesehen werden.

Lernstandskontrolle X

1. Was versteht man unter "AIS"?
Automatisches Schiffsidentifizierungs- und überwachungssystem, das statische und dynamische Schiffsdaten auf UKW überträgt.

2. Welche Komponenten des Weltweiten Seenot- und Sicherheitsfunksystems (GMDSS) werden für die Aussendung von Signalen zur Ortsbestimmung eingesetzt?
SART, EPIRB

3. Wie erscheint die Aussendung eines Transponders für Suche und Rettung (SART) auf einem Radarbildschirm?
Als Linie von mindestens zwölf Zeichen

4. Welches Navigationsgerät empfängt das Signal eines aktivierten Transponders für Suche und Rettung (SART)?
Radargerät

5. Welche Funktion hat ein Transponder für Suche und Rettung (Search and Rescue Transponder, SART)?
Aussendung von Ortungsfunksignalen, die im Seenotfall das Auffinden des verunglückten Fahrzeugs mittels Radar erleichtern sollen.

FUNKBETRIEBSZEUGNIS SRC
Zur Vorbereitung auf die theoretische und praktische Prüfung.

Gerätekunde: ICOM IC-M 323

VOL/SQL
Langer Druck schaltet das Gerät ein oder aus. Kurzes drücken öffnet die Einstellmöglichkeit zwischen Lautstärke, Squelch oder Kanal. Erneuter Druck wählt das geöffnete Menü aus bzw. wirkt als "Enter"-Funktion, wenn eine Eingabe bestätigt werden soll.

16/C
Direktwahltaste für Kanal 16 (kurzer Druck). 3 Sekunden lang drücken um einen (anderen) programmierten Kanal aufzurufen.

MENU
Öffnet das Geräte-Menü.

CLEAR
Drücken, um eine Eingabe abzubrechen und um ein Menü zu beenden.

DISTRESS
Notruf-Taste (nur für den Seefunk)

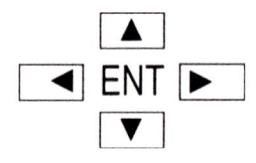

Oben/Unten-Tasten:
Kanäle schalten oder zwischen Menüpunkten blättern. (Softkeys)

Rechts/Links-Tasten:
Zwischen den Funktionen der Softkeys umschalten

ENT (Enter)
drücken, um Menüeinträge oder Funktionen auszuwählen.

Softkeys

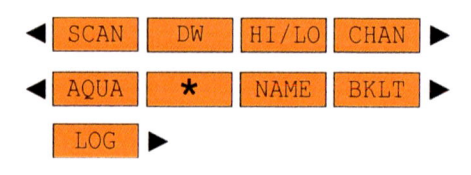

◀ | SCAN | DW | HI/LO | CHAN | ▶
◀ | AQUA | * | NAME | BKLT | ▶
| LOG | ▶

Softkeys sind die vier Tasten unter dem Display. Sie bieten verschiedene Funktionen. Mit den Pfeiltasten rechts/links oben rechts am Gerät kann man zwischen den Funktionen blättern. Die Taste unter der Anzeige auf dem Display schaltet dann die gewünschte Funktion.

Die Möglichkeiten sind:

SCAN	Suchlauf, im Binnenfunk jedoch verboten.
DW	Dual Watch Zweikanal-Überwachung, im Binnenfunk jedoch verboten.
HI/LO	Umschaltung der Sendeleistung: 1 Watt bzw. 25 Watt
CHAN	Rücksprungtaste auf den vorher (zuletzt) benutzen Kanal.
AQUA	AquaQuake-Funktion, drückt eingedrungenes Wasser aus dem Lautsprecher

FUNKBETRIEBSZEUGNIS SRC
Zur Vorbereitung auf die theoretische und praktische Prüfung.

---

*	Fügt den aktuellen Kanal einem Suchlauf zu oder entfernt ihn	**Mikrofon**	
NAME	Kanalname (Verkehrskreis) eingeben/ändern	PTT - Taste	"Push-to-talk"-Taste. Drücken und halten, um zu senden.
BKLT	Backlight Hintergrundbeleuchtung des Displays ändern	H/L	High/Low, Leistungsumschaltung von 0,5 - 1 Watt auf 25 Watt und umgekehrt.
LOG	Empfangene DSC-Rufe aufrufen. (Nur Seefunk)	Up/Down	Kanalwahltasten.

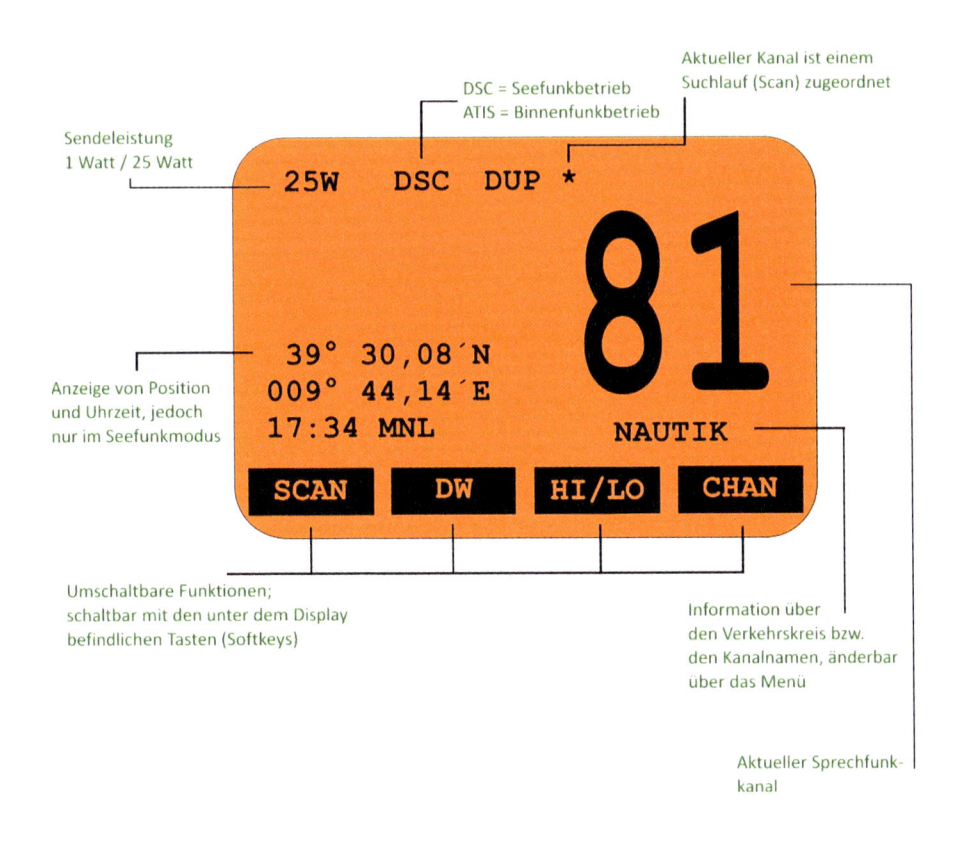

Aktueller Kanal ist einem Suchlauf (Scan) zugeordnet

DSC = Seefunkbetrieb
ATIS = Binnenfunkbetrieb

Sendeleistung
1 Watt / 25 Watt

```
25W    DSC   DUP  *

                         81
   39° 30,08´N
   009° 44,14´E
   17:34 MNL          NAUTIK

  [SCAN]  [DW]  [HI/LO]  [CHAN]
```

Anzeige von Position und Uhrzeit, jedoch nur im Seefunkmodus

Umschaltbare Funktionen; schaltbar mit den unter dem Display befindlichen Tasten (Softkeys)

Information über den Verkehrskreis bzw. den Kanalnamen, änderbar über das Menü

Aktueller Sprechfunkkanal

FUNKBETRIEBSZEUGNIS SRC
Zur Vorbereitung auf die theoretische und praktische Prüfung.

Dual Watch

Die **"Dual Watch"** - Funktion erlaubt -so sagt man- das "Überwachen zweier Kanäle gleichzeitig".
Dies ist mit unseren Geräten jedoch nicht umsetzbar. In Wirklichkeit tastet das Gerät sehr schnell hintereinander die beiden Kanäle ab und bleibt dort stehen, wo etwas empfangen wird. Nach dem Ende der Sendung beginnt die Abtastung erneut. Drücken wir an unserem Mikrofon die Sendetaste (PTT-Taste; Push to talk), so wird der Dual Watch abgeschaltet.

Einer von zwei Kanälen im Dual Watch-Modus ist automatisch der Kanal 16, da für ihn grundsätzlich Hörwachpflicht besteht.
Lediglich ein weiterer Kanal kann dem Dual Watch zugeordnet werden. Im Seenotfall (wenn z. B. auf die Ankunft des Rettungshubschraubers gewartet wird) empfiehlt es sich, die Kanäle 16 und 06 zu überwachen, da sich der Hubschrauber auf einem der beiden Kanäle melden wird.

Ist man in Flottille unterwegs, kann man sich einen Kanal für Nachrichten sozialer Art (z. B. 72 oder 77) hinzufügen um Nachrichten von den anderen Booten nicht zu verpassen.
Soll ein Wetterbericht nicht verpasst werden, kann der entsprechende Funkkanal in den Dual Watch zugeordnet werden.

Das Gerät räumt im Dual-Watch - Modus stets eine **Priorität** für Kanal 16 ein.

Beispiel:
Unser Gerät tastest die Kanäle 16 und 72 nacheinander ab und bleibt auf Kanal 72 stehen, da eine Nachricht empfangen wird. Wird nun auch auf Kanal 16 eine Nachricht empfangen, schaltet das Gerät die dortige Nachricht durch und ignoriert den Kanal 72.

❗ Auf deutschen Seeschifffahrtsstraßen ist der Skipper dazu verpflichtet, wichtige nautische Warnnachrichten, die von den Verkehrszentralen (wie z.B. Cuxhaven Elbe Traffic) gegeben werden, abzuhören und auf seinem Törn zu berücksichtigen. Da wir jedoch auch den Kanal 16 abhören sollen, ist die Dual Watch-Funktion ein optimales Mittel, den Pflichten Genüge zu tun.

Scan

Der **Suchlauf ("Scan")** erlaubt das abtasten mehrerer oder gar aller Kanäle schnell hintereinander. Das Gerät bleibt auf einem Kanal stehen, sobald es dort den Empfang eines Sprechfunkrufes feststellt. Die Kanäle, die abgetastet werden sollen, werden dem Suchlauf durch Druck auf den Softkey "*" (Favoritentaste) zugeordnet- und auch auf Wunsch wieder entnommen.

Durch den Suchlauf können beliebige und beliebig viele Kanäle abgetastet werden. Der Suchlauf kann sehr nützlich sein: Erhalten wir auf einen Ruf auf Kanal 16 keine Antwort, so liegt der Verdacht nahe, dass entweder keine

FUNKBETRIEBSZEUGNIS SRC
Zur Vorbereitung auf die theoretische und praktische Prüfung.

---

andere Funkstelle in der Nähe ist, oder gerade ein Gespräch auf einem anderen Kanal führt. Mit dem Scan ließe sich ein belegter Kanal finden, oder anders herum ausgedrückt: Ein Kanal, auf welchem Gespräch führende Funkstellen erreicht werden können.

Rauschsperre (Squelch)

Unsere Funkstelle würde unentwegt Rauschen und auch Störsignale von sich geben, die auf Dauer das Nervenkostüm des Skippers belasten würden. Gut, dass diese Störgeräusche herausgefiltert werden können, in dem wir die **Rauschsperre (Squelch)** betätigen.

Der Squelch bzw. die Rauschsperre ist ein Hochfrequenzverstärker des Empfängers in unserem Funkgerät. Nehmen wir den Squelch, also den Filter heraus, lässt das Gerät alle Signale - ob brauchbar oder nicht, d. h. auch das Grundrauschen der Ultrakurzwelle- durch. Den Filter setzen wir vorsichtig ein und setzen ihn nur so weit, bis das Rauschen aufhört. Effektiv werden nun alle ankommenden "unbrauchbaren" Signale, die unterhalb des durch uns eingestellten Filterlevels liegen, automatisch vom Gerät herausgefiltert.

Es wäre dabei allerdings möglich, dass ein weiter entferntes, anderes Fahrzeug nun einen Sprechfunkruf absetzt, wir diesen aber nicht hören, da sein Signal nur schwach bei uns ankommt und von der Rauschsperre als "unbrauchbares Signal" herausgefiltert wird. Würden wir nun Senden, vielleicht sogar mit 25 Watt Leistung, würden wir wiederum das andere Fahrzeug evtl. überlagern.

Aus diesem Grund ist **vor der Aussendung** eines Funkspruchs grundsätzlich die **Sendeleistung** zu prüfen und die **Rauschsperre** zu **betätigen!**

Dies gilt für jedes neues Gespräch, dass wir aufbauen wollen, nicht jedoch für Antworten, die wir anderen Funkstellen in einem laufenden Gespräch geben.

> **Die Rauschsperre ist vor jeder neuen Aussendung zu betätigen. Es ist stets zu prüfen, dass der Kanal frei ist und laufender Funkverkehr nicht gestört wird.**
>
> **In laufenden Gesprächen, in denen man z. B. eine Antwort senden möchte, muss die Rauschsperre nicht erneut betätigt werden.**

- 56 -

FUNKBETRIEBSZEUGNIS SRC
Zur Vorbereitung auf die theoretische und praktische Prüfung.

Lautstärke

Die Lautstärke der Funkanlage muss grundsätzlich so hoch eingestellt sein, dass selbst bei Umgebungsgeräuschen durch z. B. Motor, Seegang oder Wind stets wahrgenommen wird, dass ein Funkspruch eingeht. Gleiches gilt auch bei "Distanz zum Gerät", wie es häufig bei Seglern der Fall ist: Das Gerät befindet sich unter Deck am Navigationstisch, während sich der Skipper draußen in der Plicht am Steuer steht.

Doch wie die Lautstärke einstellen, wenn gerade kein Funkverkehr läuft?
In diesem Fall einfach die Rauschsperre (Squelch) herausnehmen und mit den Geräuschen ("dem Rauschen") die Lautstärke anpassen. Anschließend das Rauschen wieder unterdrücken.

Lernstandskontrolle XI

1. Wozu dient am UKW - Gerät die Rauschsperre (Squelch)?
Der Lautsprecher des Empfängers wird nur ab einem Mindest - Empfangssignalpegel aktiviert.

Notizen:

FUNKBETRIEBSZEUGNIS SRC
Zur Vorbereitung auf die theoretische und praktische Prüfung.

Das Gerätemenu

Mit der Taste "Menü" gelangen wir ins Gerätemenü. Was auf den ersten Blick erschlagend wirkt, ist am Ende einfacher zu bedienen als so manches modernes Smartphone. Versprochen!

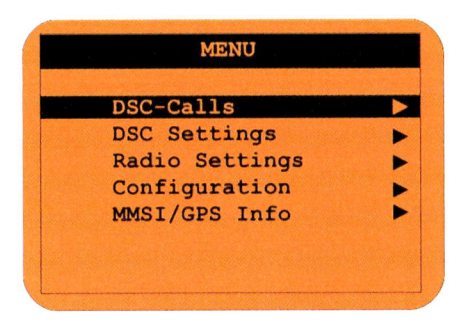

```
              MENU
   DSC-Calls           ▶
   DSC Settings        ▶
   Radio Settings      ▶
   Configuration       ▶
   MMSI/GPS Info       ▶
```

Ein Pfeil am Ende der Zeile bedeutet, dass sich durch auf die Taste "ENT" in der Mitte der Pfeiltasten rechts oben am Gerät bzw. durch kurzen Druck auf den "An- / Aus - Drehregler" das entsprechende Untermenü öffnet. In manchen Menüpunkten erscheint auch ein Softkey mit der "ENT" bzw. Enter - Funktion.

Der schwarze Balken symbolisiert den "Cursor".
Im obigen Beispiel würde durch drücken der Enter - Taste das Untermenü zum Punkt "DSC Calls" geöffnet.
Innerhalb des Menüs kann durch drehen des "An- / Aus - Drehreglers, die "Pfeil nach oben" und "Pfeil nach unten" - Tasten auf die anderen Menüpunkte gewechselt werden.

Mit der Taste "Clear" kommt man jeweils einen Menüschritt zurück. Durch drücken der Taste "Menü" kommt man aus dem Menü komplett wieder heraus, zurück zum Stammbildschirm.

Das Stamm-Menü

DSC Calls:
Aussenden von DSC-Calls Nachrichten), empfangene und gesendete Nachrichten lesen, Testruf

DSC Settings:
Eingabe der Position in regelmäßigen Abständen (nur nötig, wenn keine Einspeisung durch GPS erfolgt). Einstellungen rund um den DSC-Controller und das "Adressbuch".

Radio Settings:
Einstellungen für den Scan sowie Dual Watch, Umschaltung vom Seefunkmodus auf den Binnenfunkmodus (und umgekehrt)

Configuration:
Einstellungen wie Hintergrundbeleuchtung, Kontrast, Tastentöne, Softkeys, Uhrzeit-Umrechnung (von UTC auf Bordzeit), etc.

MMSI / GPS:
Zeigt die eigene MMSI, ATIS-Kennung sowie die Position.
(Die Position ist nur aktuell bei Einspeisung durch ein funktionsfähiges GPS).

FUNKBETRIEBSZEUGNIS SRC
Zur Vorbereitung auf die theoretische und praktische Prüfung.

MMSI - Check

Wir möchten unsere eigene MMSI / ATIS-Kennung auslesen. Dazu drücken wir "Menü" und drehen den Regler, bis "MMSI / GPS Info" schwarz hinterlegt ist:

```
             MENU
      DSC-Calls         ▶
      DSC Settings      ▶
      Radio Settings    ▶
      Configuration     ▶
      MMSI/GPS Info     ▶
```

Anschließend bestätigen wir die Auswahl mit "Enter".

```
         MMSI / GPS INFO
   MMSI: 211123450
   ATIS: 9211123450
   LAT:        39°30,08´N
   LON:       002°44,14´E

   EXIT    BACK
```

Der kleine schwarze Balken an der rechten Seite des Displays lässt darauf schließen, dass noch weitere Informationen vorliegen. Durch drücken der "Pfeil nach unten" - Taste erscheinen diese, wie z. B. die Uhrzeit in UTC, die Fahrt über Grund ("SOG", Speed over Ground), der Kurs über Grund ("COG", Course over Ground), sowie die Software - Version des Gerätes.
Kurs und Geschwindigkeit werden jedoch nur bei angeschlossenem GPS angezeigt.

Der Softkey "EXIT" führt aus dem Menü komplett zurück zur Hauptansicht der Funkanlage. Der Softkey "Back" führt im Menü einen Schritt zurück.

Einstellen der Zeitumrechnung

Vom GPS eingespeiste Uhrzeiten beziehen sich grundsätzlich auf UTC (= Universal Time, Coordinated; = Koordinierte Weltzeit). Geben wir eine Zeit manuell ein, so muss die Eingabe ebenfalls in UTC erfolgen.
Möchten Sie die Uhrzeit auf dem Funkgerät als Bordzeit (= "Local Time, LT) ablesen, so, als würden Sie Ihre Armbanduhr ablesen, muss dem Gerät eingegeben werden, wie viele Stunden auf eine in UTC eingegebene Zeit addiert- oder von ihr subtrahiert werden soll.

Hierzu öffnen wir das Menü und wechseln auf den Punkt "Configuration". Im Untermenü wählen wir den Punkt "UTC Offset", welchen wir erreichen, wenn wir die "Pfeil-nach-unten"-Taste benutzen oder den Regler drehen.

FUNKBETRIEBSZEUGNIS SRC
Zur Vorbereitung auf die theoretische und praktische Prüfung.

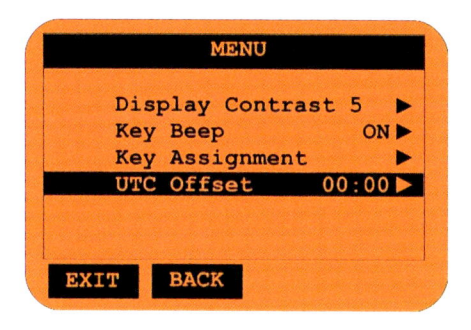

```
           MENU
   Display Contrast  5  ▶
   Key Beep            ON ▶
   Key Assignment         ▶
   UTC Offset       00:00 ▶

   EXIT    BACK
```

Die Auswahl "UTC Offset" wird mit Enter bestätigt und es öffnet sich der Menüpunkt.

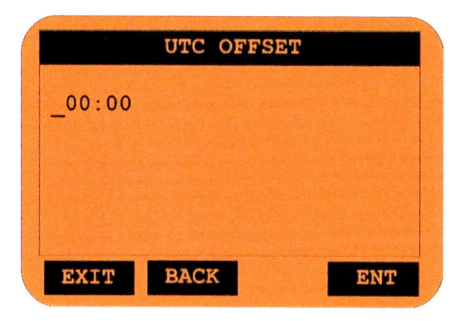

```
         UTC OFFSET
   _00:00



   EXIT    BACK         ENT
```

Der Cursor steht automatisch auf der ersten Stelle. Mit der "Pfeil nach oben" bzw. "Pfeil nach unten" - Taste lässt sich hier das Vorzeichen "+" (für die Addition) oder "-" (für die Subtraktion) einstellen. Alternativ kann der Drehregler benutzt werden.
Durch drücken des Softkey "ENT" springt der Cursor auf die nächste Stelle. Alternativ kann die "Pfeil nach rechts"-Taste benutzt werden. Nun können Stunden und ggf. Minuten eingegeben werden.

In Sommermonaten sind wir in Deutschland der koordinierten Weltzeit zwei Stunden voraus.

UTC + 2 Stunden = Mitteleuropäische Sommerzeit (MESZ)

UTC + 1 Stunde = Mitteleuropäische Winterzeit (MEZ)

Soll im Sommer die Uhrzeit am Funkgerät wie die eigene Armbanduhr abgelesen werden (= "Bordzeit" bzw. "Local Time"), so muss dem Gerät eingegeben werden, dass es auf alle in UTC eingegebenen Zeiten zwei Stunden aufaddieren soll.

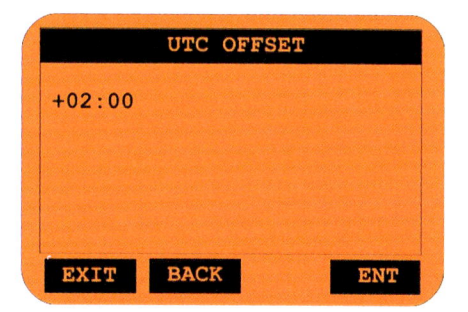

```
         UTC OFFSET
   +02:00



   EXIT    BACK         ENT
```

Die Eingabe ist mit Enter zu bestätigen. Das Menü verlässt man durch drücken der Taste Menü oder des Softkeys "Exit".

FUNKBETRIEBSZEUGNIS SRC
Zur Vorbereitung auf die theoretische und praktische Prüfung.

Seefunk? Binnenfunk?

Die Umschaltung vom Seefunkmodus ("DSC") auf den Binnenfunkmodus ("ATIS") oder anders herum erfolgt über das Menü "Radio Settings".
Durch drücken der Taste Menü gelangen wir wie gewohnt ins Stamm-Menü. Nun ist der Cursor auf "Radio Settings" zu bewegen und mit "Enter" zu bestätigen.
Anschließend den Cursor nach unten auf "CHAN GROUP" bewegen.

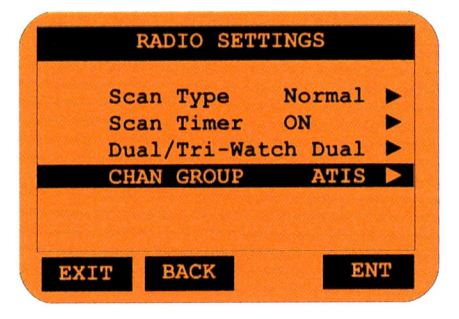

```
┌─────────────────────────────────┐
│        RADIO SETTINGS           │
│                                 │
│    Scan Type       Normal  ▶    │
│    Scan Timer      ON      ▶    │
│    Dual/Tri-Watch  Dual    ▶    │
│    CHAN GROUP      ATIS    ▶    │
│                                 │
│  [EXIT]  [BACK]       [ENT]     │
└─────────────────────────────────┘
```

Mit Enter öffnet sich der Menüpunkt.

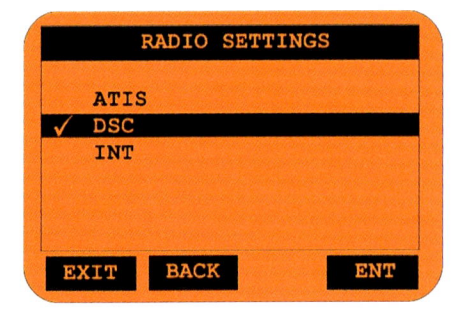

```
┌─────────────────────────────────┐
│        RADIO SETTINGS           │
│                                 │
│      ATIS                       │
│   ✓  DSC                        │
│      INT                        │
│                                 │
│                                 │
│  [EXIT]  [BACK]       [ENT]     │
└─────────────────────────────────┘
```

Wählen Sie "ATIS" für den Binnenfunkmodus oder "DSC" für den Seefunkmodus aus. Nach der Bestätigung durch "Enter" erscheint neben dem ausgewählten Modus ein Haken. Nun können Sie mit "Exit" das Menü verlassen.

Eingabe der Position

Ist kein GPS angeschlossen, ist es unabdingbar, in regelmäßigen Abständen die Position manuell ins Gerät einzugeben. In der Seenotfall-Alarmierung per DSC - Controller wird diese dann mit ausgesendet. Der Nutzer hat bei der Eingabe des Notfalls in das Systems jedoch auch die Möglichkeit, die Position zu aktualisieren.

Zur Eingabe der Position ist das Menü zu öffnen und der Punkt "DSC Settings" auszuwählen.
Danach ist der Punkt "Position Input" auszuwählen:

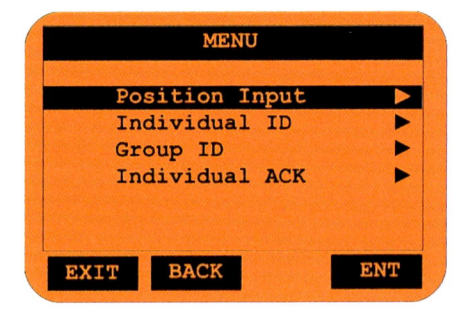

```
┌─────────────────────────────────┐
│             MENU                │
│                                 │
│      Position Input        ▶    │
│      Individual ID         ▶    │
│      Group ID              ▶    │
│      Individual ACK        ▶    │
│                                 │
│  [EXIT]  [BACK]       [ENT]     │
└─────────────────────────────────┘
```

Im nächsten Schritt können die Ziffern über die Pfeil-nach-rechts bzw. Pfeil-nach-links-Tasten oder aber auch über den Drehregler angewählt werden. Die Auswahl wird mit Enter jeweils übernommen. Bewegt man den

FUNKBETRIEBSZEUGNIS SRC
Zur Vorbereitung auf die theoretische und praktische Prüfung.

Cursor auf die Pfeiltasten im Display unten links, so kann man in Verbindung mit Enter jeweils eine Stelle nach rechts oder links springen.
"No Data" löscht alle eingegebenen Daten.

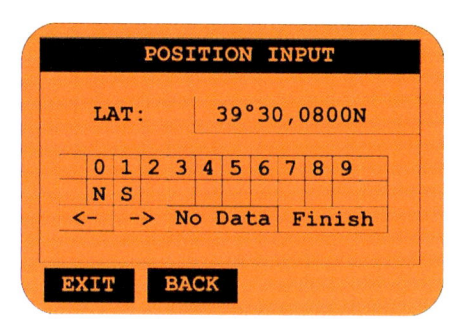

Ist die Eingabe der geografischen Breite (LAT) beendet, bewegen Sie den Cursor auf "Finish" und bestätigen Sie mit Enter.
Im nächsten Bild fordert Sie das Gerät auf, die geographische Länge (LON) einzugeben:

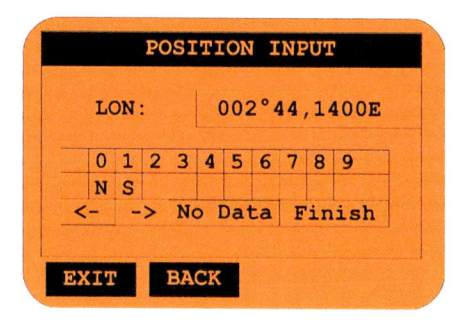

Am Ende wird auch hier mit Cursor auf dem Punkt "Finish" und "Enter" die Eingabe abgeschlossen.

Grundsätzlich gehört zu einer Position auch eine Uhrzeit. Im Fall der Fälle wissen Rettungskräfte, zu welcher Zeit Sie sich auf der angegebenen Position befunden haben und können im besten Fall mit Wind- und Strömungsdaten Ihre aktuelle Position hochrechnen.
Als nächstes fordert Sie das Gerät also auf, die Uhrzeit einzugeben. Beachten Sie jedoch bitte: Die Eingabe hat in UTC (koordinierter Weltzeit) zu erfolgen.

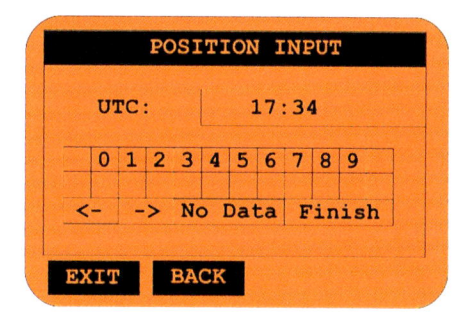

Zuletzt ist der Cursor auf "Finish" zu bewegen und mit "Enter" zu bestätigen. Danach wechselt man mit "Exit" zurück zum Stammdatenbildschirm.

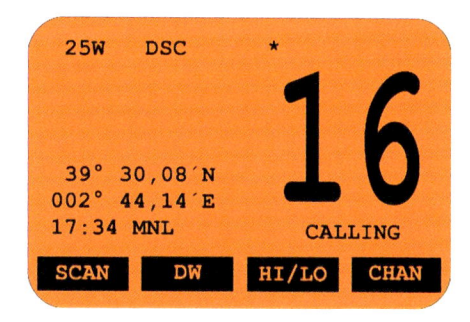

FUNKBETRIEBSZEUGNIS SRC
Zur Vorbereitung auf die theoretische und praktische Prüfung.

"MNL" informiert darüber, dass die Position manuell eingegeben worden ist. Wurde die "UTC Offset" eingestellt, erscheint "LOCAL" (= "Bordzeit") anstelle von "MNL".

Eingabe eines Individual Call

Soll ein Gespräch mit einer (einzelnen) See-, bzw. Küstenfunkstelle aufgebaut werden, so wird dies mit einem DSC - Individual Call angekündigt.
Das Menü wird geöffnet und der Punkt "DSC Calls" gewählt und mit Enter bestätigt.

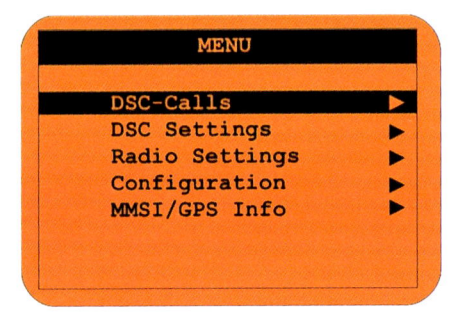

```
           MENU
    DSC-Calls          ▶
    DSC Settings       ▶
    Radio Settings     ▶
    Configuration      ▶
    MMSI/GPS Info      ▶
```

Im nächsten Bild ist "Individual Call" zu wählen.

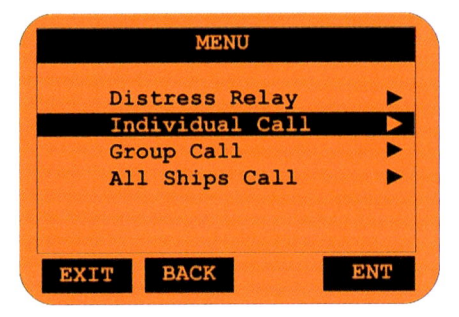

```
           MENU
    Distress Relay     ▶
    Individual Call    ▶
    Group Call         ▶
    All Ships Call     ▶

    EXIT   BACK           ENT
```

Als nächstes muss die MMSI der Stelle eingegeben werden, die erreicht werden soll. Mit „Finish" wird die Eingabe übernommen.

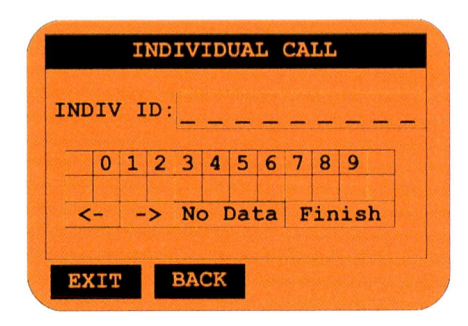

```
       INDIVIDUAL CALL
    INDIV ID: _ _ _ _ _ _ _ _ _
    
    0  1  2  3  4  5  6  7  8  9
    <-   ->   No Data   Finish
    
    EXIT   BACK
```

Nun wird die Rangfolge bzw. die Wertigkeit der Nachricht ausgewählt, die gesendet werden soll.
(Nicht bei allen ICOM IC-M 323-Geräten möglich! Je nach Programmierung ist nur Routine möglich!)

Routine (Routine),
Safety (Sicherheit)
Urgency (Dringlichkeit)

In unserem Beispiel wählen wir die Dringlichkeit.

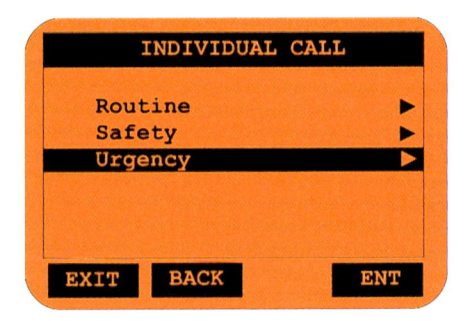

```
       INDIVIDUAL CALL
       Routine            ▶
       Safety             ▶
       Urgency            ▶

    EXIT   BACK           ENT
```

- 63 -

FUNKBETRIEBSZEUGNIS SRC
Zur Vorbereitung auf die theoretische und praktische Prüfung.

Nun fragt uns das Gerät nach einem "Intership CH", d. h. einen Arbeitskanal. An dieser Stelle muss der Sprechfunkkanal eingeben werden, auf welchem gleich der Sprechfunkruf gesendet werden soll. In unserer Dringlichkeit darf für den Sprechfunk der Kanal 16 benutzt werden, es sei denn, dieser ist gerade durch Notverkehr belegt.

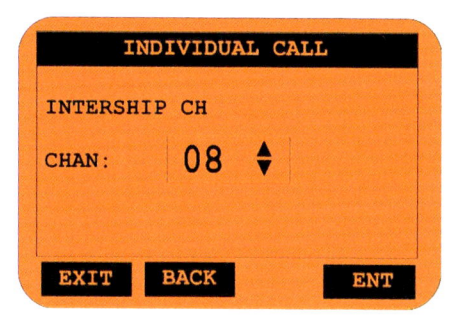

```
┌─────────────────────────────┐
│      INDIVIDUAL CALL        │
├─────────────────────────────┤
│                             │
│  INTERSHIP CH               │
│                             │
│  CHAN:    08  ↕             │
│                             │
│                             │
│  EXIT   BACK         ENT    │
└─────────────────────────────┘
```

Der Kanal kann mit den Pfeil-nach-oben und Pfeil-nach-unten - Tasten ausgewählt werden und wird mit Enter bestätigt.

Als letztes wird unsere komplette Eingabe, d. h. die komplette DSC-Nachricht als Zusammenfassung auf dem Bildschirm dargestellt, so, wie sie später auch der Empfänger lesen wird.

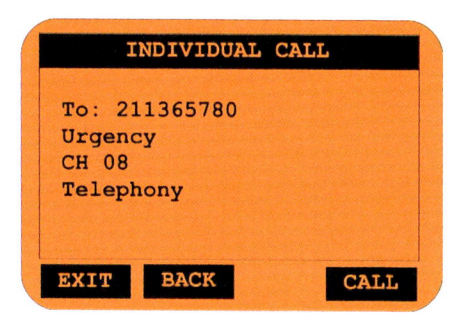

```
┌─────────────────────────────┐
│      INDIVIDUAL CALL        │
├─────────────────────────────┤
│  To: 211365780              │
│  Urgency                    │
│  CH 08                      │
│  Telephony                  │
│                             │
│  EXIT   BACK         CALL   │
└─────────────────────────────┘
```

Durch drücken der Taste "Call" wird die Nachricht gesendet.

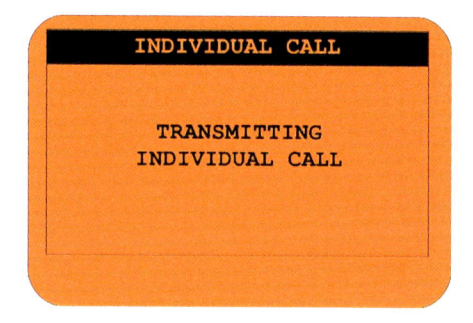

```
┌─────────────────────────────┐
│      INDIVIDUAL CALL        │
├─────────────────────────────┤
│                             │
│                             │
│       TRANSMITTING          │
│      INDIVIDUAL CALL        │
│                             │
│                             │
└─────────────────────────────┘
```

Nach der Aussendung erwartet das Gerät die DSC-Antwort des Empfängers und zählt die Zeit, die seit der Aussendung vergangen ist:

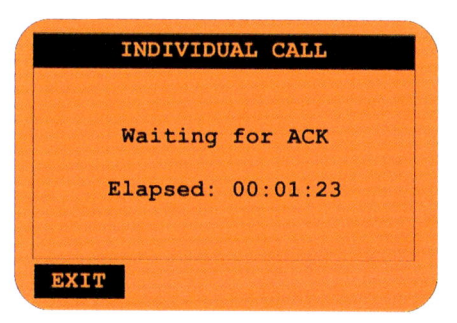

```
┌─────────────────────────────┐
│      INDIVIDUAL CALL        │
├─────────────────────────────┤
│                             │
│       Waiting for ACK       │
│                             │
│      Elapsed: 00:01:23      │
│                             │
│  EXIT                       │
└─────────────────────────────┘
```

FUNKBETRIEBSZEUGNIS SRC
Zur Vorbereitung auf die theoretische und praktische Prüfung.

Empfang einer Nachricht

Beim Empfänger der Nachricht ertönt ein akustisches Signal. Auf seinem Display erscheint:

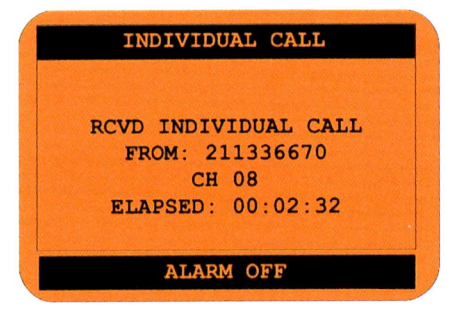

```
       INDIVIDUAL CALL

     RCVD INDIVIDUAL CALL
       FROM: 211336670
            CH 08
       ELAPSED: 00:02:32

          ALARM OFF
```

Durch drücken irgendeiner der vier unteren Softkey-Tasten wird der akustische Alarm ausgeschaltet. Das Display ändert sich auf:

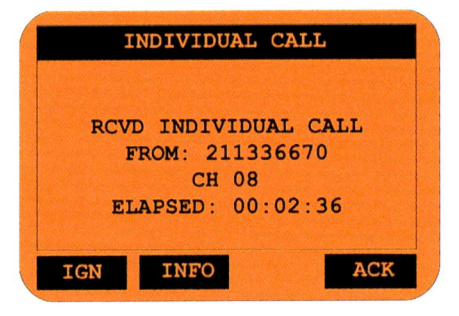

```
       INDIVIDUAL CALL

     RCVD INDIVIDUAL CALL
       FROM: 211336670
            CH 08
       ELAPSED: 00:02:36

     IGN    INFO       ACK
```

IGN ("Ignorieren") führt zurück zum Stammbildschirm und Kanal 16

Info Zeigt die gesamte Meldung auf dem Display an

ACK Sendet eine Antwort an den Aussender.

Der Empfänger sendet durch Druck auf die Taste "ACK" eine Antwort auf die DSC– Nachricht und kann aus folgenden Punkten auswählen:

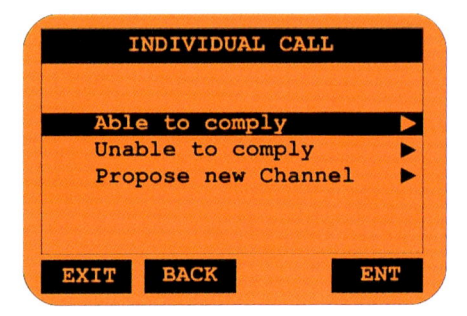

```
       INDIVIDUAL CALL

     Able to comply       ▶
     Unable to comply     ▶
     Propose new Channel  ▶


     EXIT   BACK       ENT
```

Able to comply:
 "Ich stimme zu"
Unable to comply:
 "Ich lehne ab"
Propose new Channel:
 Anderen Funkkanal vorschlagen

Im Falle der Zustimmung und drücken der Enter-Taste wird die DSC - Antwort noch einmal auf dem Display dargestellt. Sie kann schließlich durch drücken des Softkeys "Call" ausgesendet werden.

Der ursprüngliche Aussender des DSC Call erhält nun die DSC-Antwort. Es ertönt ein akustisches Signal und es erscheint die Info, dass eine Nachricht eingegangen ist. Nach drücken eines Softkey für "Alarm off" springt das Funkgerät automatisch auf den in der DSC-Nachricht eingestellten Funkkanal.

FUNKBETRIEBSZEUGNIS SRC
Zur Vorbereitung auf die theoretische und praktische Prüfung.

Sofern also nicht "Propose new Channel" gewählt wurde, springt sowohl das Gerät von Sender und Empfänger auf den Funkkanal 08 und 25 Watt Sendeleistung. Nun kann dort die Sprechfunkmeldung gesendet werden.

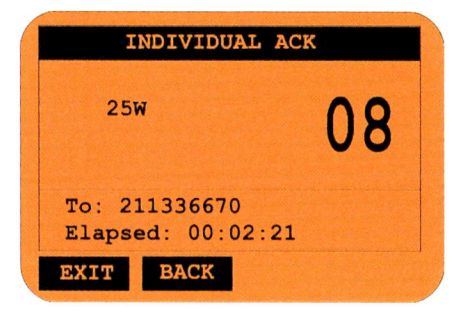

```
┌─────────────────────────────┐
│      INDIVIDUAL ACK         │
│                             │
│   25W                       │
│              08             │
│                             │
│   To: 211336670             │
│   Elapsed: 00:02:21         │
│  [EXIT]  [BACK]             │
└─────────────────────────────┘
```

Eingabe eines All Ships Call

Soll ein Gespräch mit allen in der Nähe befindlichen See-, und Küstenfunkstellen angekündigt werden, wird unter dem Menüpunkt "DSC Calls" der "All Ships Call" ausgewählt.

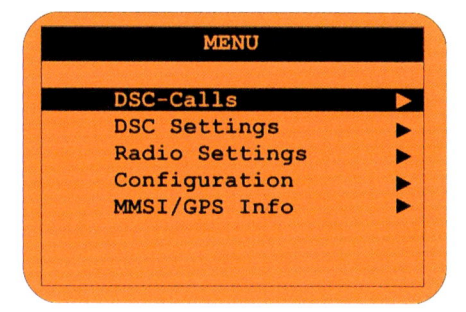

```
┌─────────────────────────────┐
│           MENU              │
│                             │
│   DSC-Calls            ▶    │
│   DSC Settings         ▶    │
│   Radio Settings       ▶    │
│   Configuration        ▶    │
│   MMSI/GPS Info        ▶    │
│                             │
└─────────────────────────────┘
```

Nun wird die Rangfolge bzw. die Wertigkeit der Nachricht ausgewählt, die gesendet werden soll.

Safety - Sicherheit
Urgency - Dringlichkeit

In unserem Beispiel wählen wir die Dringlichkeit.

FUNKBETRIEBSZEUGNIS SRC
Zur Vorbereitung auf die theoretische und praktische Prüfung.

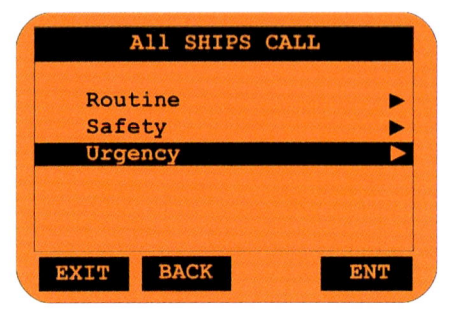

```
    All SHIPS CALL

      Routine      ▶
      Safety       ▶
      Urgency      ▶


   EXIT   BACK      ENT
```

Nun fragt uns das Gerät nach einem "ITU CH", d. h. nach einen Arbeitskanal. An dieser Stelle muss der Sprechfunkkanal eingeben werden, auf welchem gleich der Sprechfunkruf gesendet werden soll. Standartmäßig wird der Kanal 16 vorgeschlagen. Sofern auf diesem Kanal gerade kein höherwertiger Funkverkehr (in unserem Fall wäre dies ein Notruf) läuft, darf der Kanal 16 für die Dringlichkeit verwendet werden.

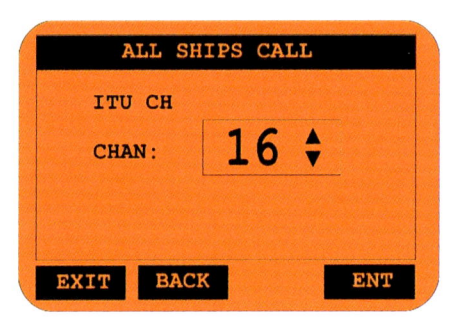

```
    ALL SHIPS CALL

      ITU CH

      CHAN:    16 ▲▼



   EXIT   BACK      ENT
```

Der Kanal kann mit den Pfeil-nach-oben und Pfeil-nach-unten - Tasten ausgewählt werden und wird mit Enter bestätigt.

Als letztes wird unsere komplette Eingabe, d.h. die komplette DSC-Nachricht zur Über-prüfung der eingegebenen Daten auf dem Bildschirm dargestellt:

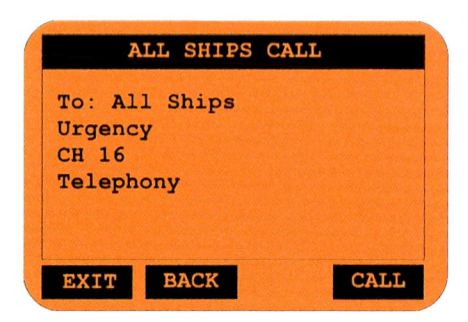

```
    ALL SHIPS CALL

   To: All Ships
   Urgency
   CH 16
   Telephony


   EXIT   BACK         CALL
```

Durch drücken der Taste "Call" wird die Nachricht gesendet.

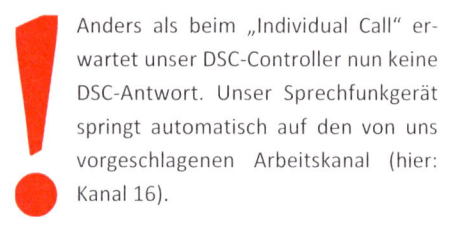

! Anders als beim „Individual Call" erwartet unser DSC-Controller nun keine DSC-Antwort. Unser Sprechfunkgerät springt automatisch auf den von uns vorgeschlagenen Arbeitskanal (hier: Kanal 16).

FUNKBETRIEBSZEUGNIS SRC
Zur Vorbereitung auf die theoretische und praktische Prüfung.

Empfang einer Nachricht

Alle Geräte, die unsere Nachricht empfangen haben, zeigen nun eine Information auf dem Display, begleitet von einem akustischem Alarm:

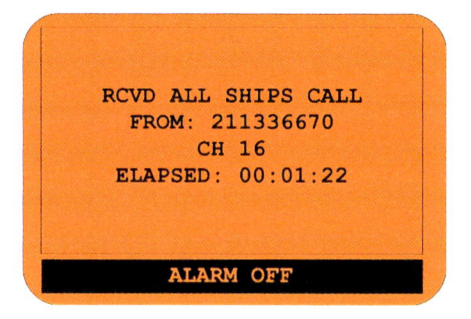

```
RCVD ALL SHIPS CALL
   FROM: 211336670
        CH 16
   ELAPSED: 00:01:22

        ALARM OFF
```

"Alarm off" schaltet den akustischen Alarm durch drücken einer der Softkey-Tasten aus. Anschließend kann wieder gewählt werden, wie weiter verfahren werden soll:

```
RCVD ALL SHIPS CALL
   FROM: 211336670
        CH 16
   ELAPSED: 00:01:25

 IGN    INFO         ACPT
```

IGN führt zurück zum Stammbildschirm und Kanal 16. Ignorierte Meldungen können später über das Logbuch erneut aufgerufen werden.

Info Zeigt die gesamte Meldung auf dem Display

ACPT Akzeptiert die Nachricht. Nach Druck der Taste springt das Gerät auf den in der DSC-Nachricht empfangenen Arbeitskanal.
Nun braucht nur auf den Sprechfunkruf gewartet werden

FUNKBETRIEBSZEUGNIS SRC
Zur Vorbereitung auf die theoretische und praktische Prüfung.

Eingabe eines Distress Call

Im Seenotfall kann allein durch das Heben der Distress-Klappe und 3-sekündiges drücken der darunter befindlichen Taste ein DSC-Notalarm gesendet werden. In diesem Fall wird die MMSI, der Notfallgrund "undesignated" (= unbestimmt) sowie die Position gesendet, die gerade vom GPS übermittelt wurde, oder aber (bei fehlendem bzw. defektem GPS) die Position, die zuletzt vom Benutzer in das System eingegeben wurde. Diese Variante wird verwendet, wenn es absolut schnell gehen muss.

Besteht ausreichend Zeit, ist der Notalarm immer zu editieren. Im Menü DSC-Calls geschieht dies über den Eintrag "Distress Call". Dieser wird erreicht, in dem die Pfeil-nach-unten-Taste betätigt wird.

> ❗ Kennt man sein Gerät und die Menüstruktur, benötigt man nur 20 Sekunden für die Eingaben im Controller!

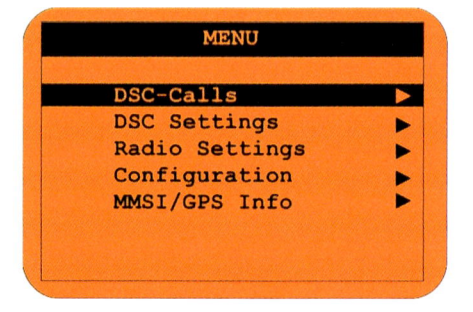

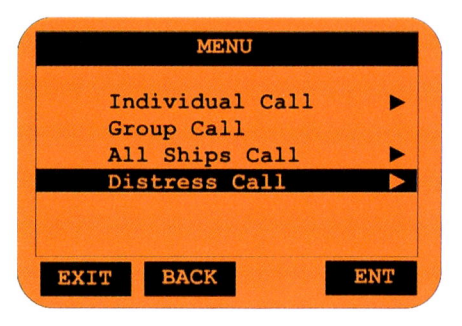

```
          MENU
   DSC-Calls          ▶
   DSC Settings       ▶
   Radio Settings     ▶
   Configuration      ▶
   MMSI/GPS Info      ▶
```

```
          MENU
   Individual Call    ▶
   Group Call
   All Ships Call     ▶
   Distress Call      ▶

  EXIT    BACK          ENT
```

In der nächsten Anzeige ist die Art des Notfalls (Notfallgrund bzw. "Nature") auszuwählen. Wir erinnern uns: Zur Verfügung steht:

Undesignated	(unbestimmt)
Fire, Explosion	(Explosion und Feuer)
Flooding	(Wassereinbruch)
Collision	(Zusammenstoß)
Grounding	(Grundberührung)
Capsizing	(Kentern)
Sinking	(Sinken)
Disable Adrift	(Treiben, Manövrierunfähigkeit)
Abandoning	(Verlassen des Schiffes)
Piracy Attack	(Piraten - Angriff)
MOB	(Mensch über Bord)

FUNKBETRIEBSZEUGNIS SRC
Zur Vorbereitung auf die theoretische und praktische Prüfung.

Der Cursor wird mit der Pfeil-nach-oben bzw. der Pfeil-nach-unten - Taste auf den Notfallgrund bewegt. Anschließend wird die Auswahl mit Enter bestätigt.

Als nächstes zeigt -sofern ein GPS angeschlossen-, oder eine Position eingegeben worden ist - das Gerät die Position an.

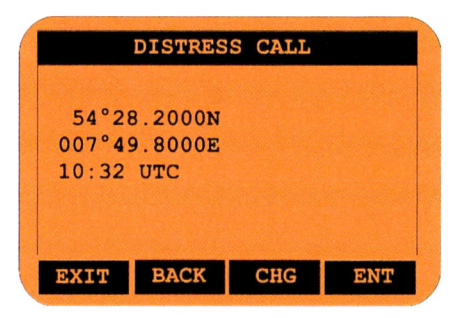

Mit Druck auf "Enter" würde die angezeigte Position in die Meldung übernommen. Mittels der Taste "CHG" ("Change") kann die angezeigte Position überarbeitet werden.

Die Eingabe erfolgt gerätetechnisch genauso, wie auch beim Menüpunkt "Position Input" bereits beschrieben. Hier erfolgt die Eingabe jedoch direkt und bequem innerhalb des Distress-Menüs.

Ist keine geographische Position (Koordinaten) vorhanden, so kann die eingestellte (und vermutlich falsche) Position durch Verwendung von "No Data" gelöscht werden.

Beispiel: "Sie befinden sich 4,8sm südwestlich von Cádiz".

Eine solche Positionsangabe kann nicht in den Controller eingeben werden. Eine bereits eingetragene Position, von der man nicht mit Gewissheit sagen kann, dass sie korrekt ist, muss zwingend mit "No Data" und "Enter" herausgenommen werden:

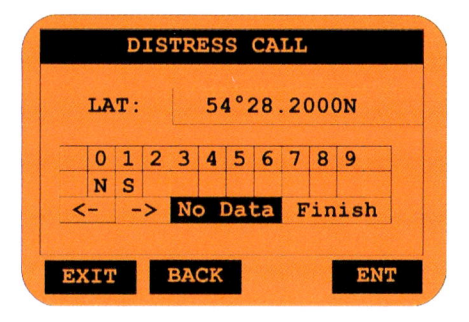

Die Längenangabe muss nicht separat herausgenommen werden. Das Gerät löscht diese automatisch heraus, sofern bei der Breitenangabe „No Data" ausgewählt wurde.

Nur bei einer Eingabe von Koordinaten fragt das Gerät im nächsten Fenster nach der aktuellen Uhrzeit, die wiederum in UTC einzugeben ist. Werden Positionsdaten mit "No Data" gelöscht, fordert das Gerät nicht die Eingabe einer Uhrzeit. Wir erinnern uns: Eine Uhrzeit gehört immer zu einer Position!

FUNKBETRIEBSZEUGNIS SRC
Zur Vorbereitung auf die theoretische und praktische Prüfung.

Zur Überprüfung erhalten wir erneut eine Zusammenfassung:

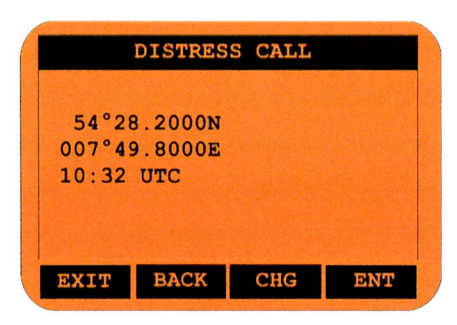

```
       DISTRESS CALL

     54°28.2000N
     007°49.8000E
     10:32 UTC


   EXIT  BACK  CHG  ENT
```

Oder alternativ - sofern für Breite und Länge "No Data" gewählt wurde:

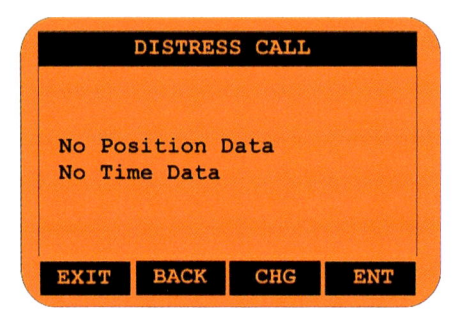

```
       DISTRESS CALL


     No Position Data
     No Time Data



   EXIT  BACK  CHG  ENT
```

Ist die Eingabe korrekt, wird die Position mit "Enter" zu übernommen. Andernfalls kann über die Taste "CHG" noch einmal korrigiert werden.

Im letzten Fenster kann die gesamte Nachricht noch einmal gelesen bzw. überprüft werden. Mit der Pfeil-nach-oben bzw. Pfeil-nach-unten-Taste kann man in den Ansichten bzw. Textzeilen wechseln. Das Gerät fordert nun auf, den Distress - Button für 3 Sekunden lang zu drücken.

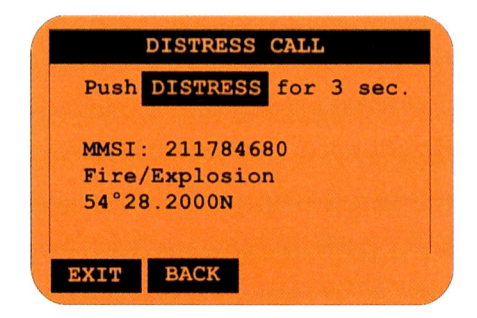

```
        DISTRESS CALL
   Push DISTRESS for 3 sec.

   MMSI: 211784680
   Fire/Explosion
   54°28.2000N


    EXIT   BACK
```

Sind die Eingaben korrekt, wird die Nachricht durch 3-sekündiges Drücken der roten Distress-Taste ausgesendet.

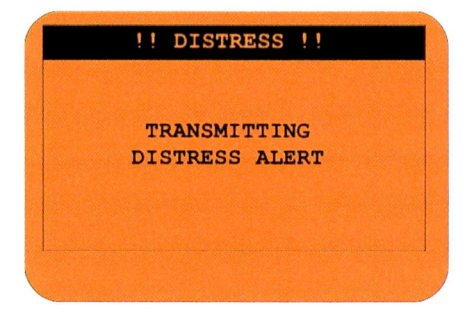

```
         !! DISTRESS !!


           TRANSMITTING
          DISTRESS ALERT


```

Erst nach Erklingen des langen "Transmitting"-Tons wurde die Meldung gesendet. Wird vor dem Ertönen der Finger von der Taste genommen, wird die Nachricht nicht gesendet und auf Hilfe wartet man dann vergebens.

Anschließend wird die Notmeldung per Sprechfunk abgesetzt.

Unser DSC-Controller erwartet nun eine DSC-Bestätigung, die bei einem Distress Call nur von einer Küstenfunkstelle oder Berufs-

FUNKBETRIEBSZEUGNIS SRC
Zur Vorbereitung auf die theoretische und praktische Prüfung.

---

schiffen, jedoch nicht von einem Sportboot gesendet werden kann, da wir diese Möglichkeit mit unserem "Klasse D" - Controller nicht haben.

Empfängt der Aussender keine Bestätigung, sendet der Controller die Nachricht automatisch erneut. Dies geschieht zeitversetzt in Zeiten zwischen 3 1/2 und 4 1/2 Minuten. Die Zeit bis zur nächsten automatischen Sendung zählt als Countdown auf dem Display herunter.

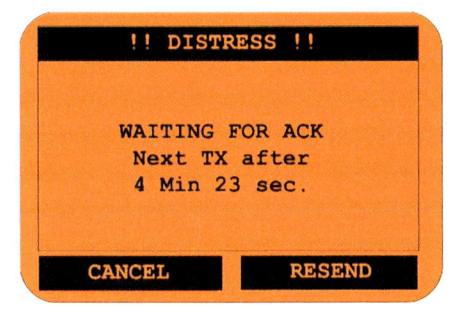

```
!! DISTRESS !!

WAITING FOR ACK
Next TX after
4 Min 23 sec.

CANCEL      RESEND
```

Soll der Notalarm vor Ablauf der Zeit manuell erneut gesendet werden, muss nur die Resend-Taste gedrückt werden.

Sicherheitsfeature!

! Der Controller wiederholt die Aussendung des Distress Call so lange, wie die Batterie der Funkanlage Spannung liefert bzw. so lange, bis eine DSC-Bestätigung eintrifft. Auch, wenn das Schiff bereits vielleicht verlassen worden ist.

Fehlalarm?

Ist ein DSC-Notalarm gesendet worden, obwohl kein Notfall vorliegt, so muss der Controller unverzüglich zurückgesetzt werden. Durch das rücksetzen kann der ausgesendete DSC-Alarm nicht mehr durch eine Küstenfunkstelle bestätigt werden. Gleichzeitig wird das erneute Aussenden des Controllers im Falle der abgelaufenen Zeit unterbrochen.

Die ICOM IC-M 323 ist ein sehr fortschrittliches Gerät, welches eine "Stornierungsnachricht" per DSC sendet. Alle erreichbaren Stationen werden also darüber informiert, dass der Alarm nicht beachtet werden braucht.

Der Abbruch erfolgt durch drücken der Taste "Cancel".

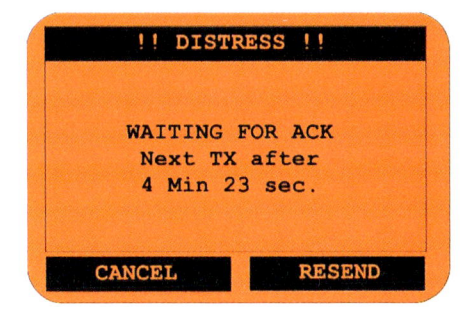

```
!! DISTRESS !!

WAITING FOR ACK
Next TX after
4 Min 23 sec.

CANCEL      RESEND
```

Anschließend folgt die Sicherheitsabfrage: "Sind Sie sicher?" Diese bestätigen wir mit "Continue".

FUNKBETRIEBSZEUGNIS SRC
Zur Vorbereitung auf die theoretische und praktische Prüfung.

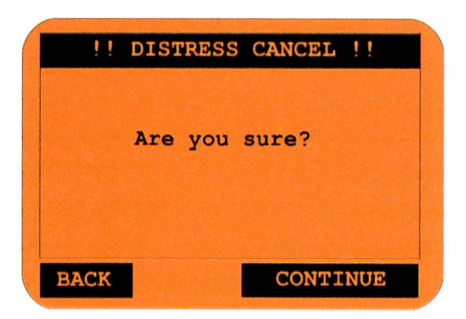

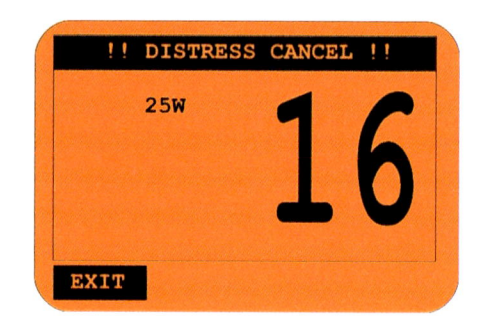

Wir bekommen noch eine Erinnerung vom Gerät, dass wir auf Kanal 16 im Sprechfunkverfahren ebenfalls den Fehlalarm aufheben müssen. Die Taste "Finish" sendet schlussendlich den Stornierungsruf via DSC.

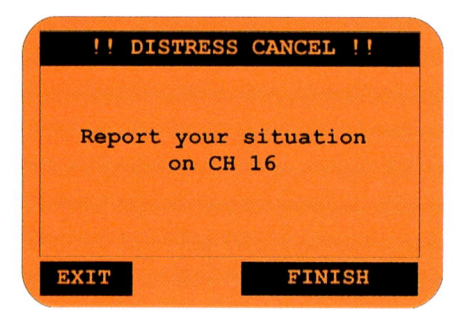

Nun muss auch im Sprechfunkverfahren der Fehlalarm aufgehoben werden. Das Gerät schaltet dazu automatisch auf Kanal 16 und 25 Watt Sendeleistung:

FUNKBETRIEBSZEUGNIS SRC
Zur Vorbereitung auf die theoretische und praktische Prüfung.

Logbuch

Die ICOM IC-M 323 speichert sowohl empfangene ("received") als auch gesendete ("transmitted") DSC-Nachrichten.

Wird versehentlich eine empfangene Nachricht "ignoriert", kann sie über das Logbuch wieder aufgerufen werden. Auch bei schlechten Funkverbindungen (schlecht verständlichen Meldungen) ist das Logbuch Gold wert, hat man doch die MMSI des Aussenders als Identififikationsmerkmal, sowie in Notfällen bestenfalls auch den Notfallgrund nebst Position.

Das Logbuch der empfangenen Nachrichten kann über die Softkey-Taste "LOG" direkt geöffnet werden. Steht dieser Punkt nicht über einer der vier Tasten, dann einfach mit den rechts / links Tasten am Gerät die Funktionen rotieren lassen, bis "LOG" erscheint.
Alternativ kann es durch Menü -> Distress Calls geöffnet werden:

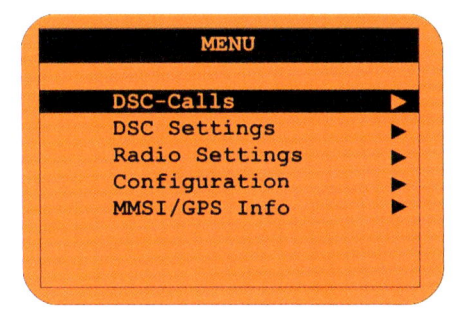

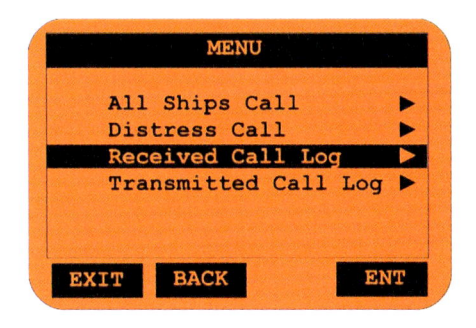

Das "Received Call Log" unterteilt sich in Notalarme ("Distress") und andere Alarme ("Others"), also in Routine, Dringlichkeits-, Sicherheitsfällen und Testsendungen.
Ein geschlossener Briefumschlag zu Beginn der Zeile bedeutet, dass neue, ungelesene Nachrichten vorliegen. Ein geöffneter Briefumschlag bedeutet, dass alle Nachrichten gelesen wurden.

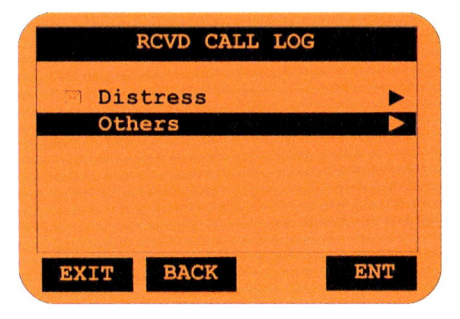

FUNKBETRIEBSZEUGNIS SRC
Zur Vorbereitung auf die theoretische und praktische Prüfung.

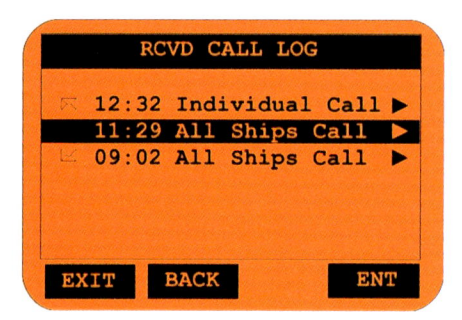

```
      RCVD CALL LOG
  ⊠ 12:32 Individual Call ▶
    11:29 All Ships Call  ▶
  ⊠ 09:02 All Ships Call  ▶


  EXIT    BACK         ENT
```

Mit Enter kann die gewählte Nachricht erneut aufgerufen und gelesen werden.

Das Log des DSC - Controllers entbindet nicht von der Pflicht, wichtigen Funkverkehr (ein- und ausgehend) im Schiffslogbuch unter Angabe des Funkkanals und der Sende- bzw. Empfangszeit einzutragen!

Lernstandskontrolle XII

1. Der mit einem DSC-Gerät aufgenommene Notalarm wird...
automatisch gespeichert.

2. Welche Vorkommnisse sollen im Schiffstagebuch dokumentiert werden?
Der Not-, Dringlichkeits- und Sicherheitsverkehr sowie wichtige Vorkommnisse, die den Seefunkdienst betreffen.

3. Was bedeutet im DSC-Controller die Anzeige "URGENCY"?
Die nachfolgende Meldung ist dringend und betrifft die Sicherheit einer mobilen Einheit oder einer Person.

FUNKBETRIEBSZEUGNIS SRC
Zur Vorbereitung auf die theoretische und praktische Prüfung.

Sprechfunkmeldungen: Identifizierung

Sie haben nun bereits einige wichtige - und auch prüfungsrelevante Eingaben - am DSC-Controller kennengelernt. Bevor wir mit den weiteren Funktionen fortfahren ist es nötig, die Kenntnisse über die Sprechfunkmeldungen zu vertiefen.

Wir unterscheiden bei unseren Funksprüchen in unterschiedliche Empfänger:

Schiffsfunkstellen (Seefunkstellen)
und
ortsfeste Funkstellen (Landfunkstellen)

Als Schiffsfunkstellen werden alle Funkstellen bezeichnet, die an Bord eines nicht dauerhaft verankerten Schiffes betrieben werden.

Landfunkstellen sind feste Funkstellen, die an Land betrieben werden, wie z. B. die Verkehrszentrale "Cuxhaven Elbe Traffic" oder die Seenotleitstelle "Bremen Rescue Radio"

Fahrzeuge werden im Sprechfunkverfahren angesprochen bzw. identifiziert durch:

**1x Bootstyp,
3x Bootsname,
1x Rufzeichen ("Call Sign")
1x MMSI**

Beispiele:

**Motoryacht Limone, Limone, Limone,
Call Sign DA1234, MMSI 211689780**

oder

**Cruise Liner Tetje, Tetje, Tetje,
Call Sign DWAC, MMSI 211478560**

Der Bootstyp, Rufzeichen und MMSI sind dabei unbedingt nur <u>einmal</u> zu nennen.

Ortsfeste Funkstellen werden angesprochen durch:

**3x Geographischen Ort
+ Funktion
+ das Wort "Radio"**

Beispiel:

**Cuxhaven Traffic Radio
Cuxhaven Traffic Radio
Cuxhaven Traffic Radio**

In der Praxis wird das Wort "Radio" jedoch <u>grundsätzlich</u> nicht mit ausgesprochen. Auch auf Rufzeichen und MMSI wird gänzlich verzichtet.

FUNKBETRIEBSZEUGNIS SRC
Zur Vorbereitung auf die theoretische und praktische Prüfung.

Anrufe an die Allgemeinheit, d. h. an alle Sport- und Berufsschiffe innerhalb unserer Reichweite:

> "An alle Schiffsfunkstellen"
> "An alle Schiffsfunkstellen"
> "An alle Schiffsfunkstellen"
> (deutsch)
>
> oder
>
> "All ships"
> "All ships"
> "All ships"
> (englisch)

Anrufe an alle Funkstellen, d. h. an Landfunkstellen, Sportboote und Berufsschiffe innerhalb unserer Reichweite:

> "An alle Funkstellen"
> "An alle Funkstellen"
> "An alle Funkstellen"
> (deutsch)
>
> oder
>
> „All stations"
> „All stations"
> „All stations"
> (englisch)

Anruf und Meldung

Ein Sprechfunkruf folgt immer dem gleichen Grundsystem. Er besteht aus: **Anruf und Meldung.**

Im **Anruf** wird genannt:

> **3x der Empfänger**
> "this is" (= "hier ist")
> **3x der Aussender**

Anschließend folgt die **Meldung:**

> **Wo** bin ich?
> **Was** möchte ich?

Ein Sprechfunkruf schließt ab mit

> "Over" (= "bitte kommen")
> ...wenn eine Antwort erwartet wird.
>
> "Out" (= "Ende")
> ...wenn keine Antwort gewünscht ist.

FUNKBETRIEBSZEUGNIS SRC
Zur Vorbereitung auf die theoretische und praktische Prüfung.

Buchstabieren

Eine Empfehlung der Radio Regulations lautet, innerhalb von Meldungen (nicht jedoch im Anruf!) Orts- und Eigennamen sowie Kilometerangaben, Zahlen, Ziffern und Uhrzeiten nach internationalem Buchstabier-alphabet zu buchstabieren bzw. die Angaben zu wiederholen.

Beispiele:

..a container, marked with "HAPAG LLOYD".. I repeat and spell "Hapag Lloyd":
Hotel, Alpha, Papa, Alpha, Golf, new word Lima, Lima, Oscar, Yankee, Delta.

... in position 4,8 nm south-easterly of Cape Arkona, I repeat: four decimal eight nautical miles south easterly of Cape Arkona, I spell "Cape Arkona": Charly, Alpha, Papa, Echo, new word, Alpha, Romeo, Kilo, Oscar, November, Alpha.

> **!** Der Empfehlung zu buchstabieren sollte unbedingt Folge geleistet werden.
> Die Wahrscheinlichkeit, dass eine mündlich übertragene, wichtige Information oder Position vom Empfänger deutlich verstanden wird, ist deutlich höher als wenn auf das buchstabieren verzichtet wird!

Lernstandskontrolle XIII

1. Wie wird eine mit DSC - Einrichtungen ausgerüstete Seefunkstelle gekennzeichnet?
Schiffsname, Rufzeichen, Rufnummer des mobilen Seefunkdienstes (MMSI)

2. Wie ist eine Küstenfunkstelle des Revier- und Hafenfunkdienstes gekennzeichnet?
Geografischer Name des Ortes, dem die Art des Dienstes und das Wort Radio folgen.

3. Welche Funkstelle wird mit dem Rufnamen "Warnemünde Traffic" gerufen?
Küstenfunkstelle des Revierfunkdienstes in Warnemünde

FUNKBETRIEBSZEUGNIS SRC

Zur Vorbereitung auf die theoretische und praktische Prüfung.

Routine

In der Hierarchie der Funksprüche ist die Routine ganz unten, d. h. auf Platz 4 angesiedelt.
Unter Routineverkehr sind allgemeine Nachrichten zu verstehen wie z. B. der Anruf an eine Schleuse, Fragen nach Wetterberichten, Liegeplätzen oder Verkehrsaufkommen sowie die Kontaktaufnahme zu anderen Sportbooten. Sofern beide Parteien über einen DSC-Controller verfügen, ist darüber ein Arbeitskanal vorzuschlagen. Falls nicht vorhanden, muss auf Kanal 16 eine Ankündigung gesendet werden, unter der Voraussetzung, dass kein wichtigerer Funkverkehr gestört wird. Der Funkspruch besteht aus einem Anruf und der eigentlichen Meldung (siehe Beispiel).

Die eigentliche Nachricht darf <u>keinesfalls</u> auf Kanal 16 gesendet werden.

Je nach Inhalt der Nachricht ist einer der folgenden Kanäle zu wählen:

Kursabsprachen zwischen Schiffen: 75, 76
Private (soziale) Gespräche: 69, 72, 77

Der Kanal 69 darf nur in Deutschland für private (soziale) Nachrichten genutzt werden. Im Ausland steht er für andere Zwecke zur Verfügung.

Beispiel: Anruf an eine Schiffsfunkstelle

Motoryacht Chelsea, Chelsea, Chelsea,
Call Sign DB5454, MMSI 218 632 140

this is

Motoryacht Calypso, Calypso, Calypso,
Call Sign DA1234, MMSI 211 478 560

May I ask you about your port of destination?
(Darf ich Sie nach Ihrem Zielhafen fragen?)

Over

Sind Rufzeichen und MMSI anderer Schiffsfunkstellen unbekannt, so können und werden sie nicht mit ausgesendet. Ist ein AIS-Empfänger vorhanden, könnten die Daten darüber ausgelesen werden.

FUNKBETRIEBSZEUGNIS SRC
Zur Vorbereitung auf die theoretische und praktische Prüfung.

Sicherheit

Auf Platz 3 steht die Sicherheitsmeldung. Sie hat Vorrang vor Routinerufen. Behindert etwas die sichere Durchfahrt von Fahrzeugen, ist eine Sicherheitsmeldung abzusetzen. Beispiel: Gegenstände im Fahrwasser, Starkwindwarnungen, Schleusensperrungen etc.

Sicherheitsmeldungen dürfen grundsätzlich nicht auf Kanal 16 gesendet werden. Es muss für die Aussendung per DSC-Controller ein Arbeitskanal vorgegeben werden (z. B. Kanal 08).

Da es noch Funkstellen gibt, die nicht mit DSC-Controller ausgerüstet sind, würden diese Funkstellen keine Information darüber erhalten, dass gleich auf Kanal 08 eine Sicherheitsmeldung gesendet wird. Aus diesem Grund ist eine Ankündigung im Sprechfunkverfahren auf Kanal 16 zu senden. (Siehe Beispiel 1).

Es muss zu Beginn des Funkspruchs erkennbar sein, dass es sich um eine Sicherheitsmeldung handelt. So wird dem Anruf das Wort SECURITE vorangesetzt. Es wird drei Mal auf Französisch ausgesprochen: ßeküriteh

Beispiel 1: Ankündigung auf Kanal 16

SECURITE SECURITE SECURITE

All Station all Stations all Stations

this is

Motoryacht Calypso, Calypso, Calypso,
Call Sign DA1234, MMSI 211 478 560

please change to channel 08, I repeat: zero eight, for safety message.
(bitte für folgende Sicherheitsmeldung auf Kanal 8 umschalten)
Out

FUNKBETRIEBSZEUGNIS SRC
Zur Vorbereitung auf die theoretische und praktische Prüfung.

Die eigentliche Sicherheitsmeldung wird dann auf dem ausgewählten Arbeitskanal ("Traffic Channel") gesendet. Wir übernehmen aus Beispiel 1 den Kanal 08.

SECURITE SECURITE SECURITE

All Stations all Stations all Stations

this is

Motoryacht Calypso, Calypso, Calypso,
Call Sign DA1234, MMSI 211 478 560

in Position 39° 30,08´N 002° 44,14´E. I repeat the position: three nine degrees, three zero decimal zero eight minutes north. Zero Zero two degrees, four four decimal one four minutes east. I observed drifting trunks, dangerous for shipping.

(Auf Position .... wurden treibende Baumstämme gesichtet, gefährlich für die Schifffahrt.)

Out.

FUNKBETRIEBSZEUGNIS SRC
Zur Vorbereitung auf die theoretische und praktische Prüfung.

Dringlichkeit

Die Dringlichkeit steht auf Platz 2 in der Hierarchie der Funksprüche. Sie hat absoluten Vorrang vor Sicherheits-, als auch Routinerufen.

Unter Dringlichkeiten sind unliebsame und schwierige Bordsituationen zu verstehen, bei denen fremde Hilfe erforderlich ist, jedoch keine akute Lebensgefahr besteht, wie es beispielsweise bei Maschinenproblemen oder Ruder-ausfall sein kann.

Dringlichkeitsverkehr darf auf Kanal 16 abgewickelt werden, sofern der Kanal nicht durch wichtigeren Funkverkehr (Notfall) belegt ist.
Wenn der Kanal 16 belegt ist, ist ein anderer Kanal per DSC anzukündigen. In einer Sprechpause ist die Ankündigung der Dringlichkeitsnachricht - ähnlich wie bei der Ankündigung der Sicherheitsmeldung - auf Kanal 16 zu senden.

Eine Dringlichkeitsmeldung wird mit den Worten **PAN PAN** eingeleitet.

Beispiel 1: Meldung an Land- & Schiffsfunkstellen

PAN PAN PAN PAN PAN PAN

All Stations all Stations all Stations

this is

Sailing Yacht Calypso, Calypso, Calypso,
Call Sign DA1234, MMSI 211 478 560

in Position 39° 30,08´N 002° 44,14´E. I repeat the position: three nine degrees, three zero decimal zero eight minutes north. Zero zero two degrees, four four decimal one four minutes east. Broken mast and damaged rudder. I request tug assistance.

(Auf Position.... gebrochener Mast und defektes Ruder. Erbitte Schlepperhilfe)

Over

FUNKBETRIEBSZEUGNIS SRC
Zur Vorbereitung auf die theoretische und praktische Prüfung.

Die Antwort auf einen Dringlichkeitsruf entspricht einem normalen Routineruf und wird ohne "Pan Pan" gesendet:

Beispiel 2: Antwort auf einen Dringlichkeitsruf

Sailing Yacht Calypso, Calypso, Calypso,
Call Sign DA1234, MMSI 211 478 560

this is

Motoryacht Chelsea, Chelsea, Chelsea,
Call Sign DB5454, MMSI 218 632 140

Received your message. I can help and I´ll reach your position in 10 minutes, I repeat: one zero minutes.
(Habe Nachricht erhalten, kann helfen und bin in 10 Minuten bei Ihnen.)

Out

Aufhebung der Dringlichkeit

Ist die Situation geklärt, ist die Dringlichkeit wieder aufzuheben. Dies geschieht durch den Aussender der Dringlichkeit oder aber durch einen Verantwortlichen (Hilfeleistenden).
Die Aufhebung ist grundsätzlich "an alle Funkstellen" / "all stations" auszusenden, nicht nur an die Funkstelle, die den Ruf konkret erhalten hat, wie etwa eine Küstenfunkstelle.

Der Anruf wird mit PAN PAN eingeleitet.
Die Meldung enthält die Uhrzeit der Aussendung des eigentlichen Dringlichkeitsrufes ("Initialzeit") verbunden mit einer Information der Beendigung.

Beispiel 1: Aufhebung durch den Havaristen selbst bzw. den Leiter der Rettungsmaßnahmen.

PAN PAN PAN PAN PAN PAN

All Stations all Stations all Stations

this is

Motoryacht Calypso, Calypso, Calypso,
Call Sign DA1234, MMSI 211 478 560

please cancel my urgency call of 2100 UTC. I repeat: two one zero zero UTC.
(Meine Dringlichkeit von 21 Uhr UTC ist hiermit aufgehoben)

Out

FUNKBETRIEBSZEUGNIS SRC
Zur Vorbereitung auf die theoretische und praktische Prüfung.

Notruf / Distress

Allen voran steht der Notruf. Besteht akute Gefahr für Leib und Leben oder hohe Sachwerte, darf ein Notruf abgesetzt werden. Ist dies geschehen, herrscht für alle anderen Schiffe auf dem verwendeten Kanal Funkstille. Das bedeutet, dass niemand einen Dringlichkeits-, Sicherheits-, oder Routineruf senden darf, bis der Notruf beendet bzw. der Kanal "eingeschänkt freigegeben" wurde. In Sprechpausen dürfen lediglich Ankündigungen gesendet werden.

Im Anruf wird grundsätzlich **kein Empfänger** genannt, denn jeder hat bei einem Notfall zuzuhören. Der Name des Havaristen wird auch in der **Meldung** noch einmal genannt.

Auch Notalarme werden per DSC - Controller angekündigt und anschließend auf Kanal 16 im Sprechfunkverfahren gesendet.
Im weiteren Verlauf wird durch die Rettungskräfte die "Kommunikation im Seenotfall vor Ort", die sogenannte "On Scene Communication" auf einen anderen Kanal, wie beispielsweise Kanal 06 verlegt. Somit wird Kanal 16 wieder freigegeben. Für den Funkverkehr mit Rettungshubschraubern oder Flugzeugen gilt immer das Betriebssystem des Seefunks, d. h. die dafür vorgesehenen Funkkanäle und Frequenzen.

Die Besonderheiten sind, dass sowohl der Anruf als auch die Meldung mit dem Wort MAYDAY ("Mähdeeh") eingeleitet werden.

Beispiel 1:   Absetzen des Notrufes

MAYDAY MAYDAY MAYDAY

this is

Motoryacht Calypso, Calypso, Calypso,
Call Sign DA1234, MMSI 211 478 560

MAYDAY

Motoryacht Calypso, Call Sign DA1234,
MMSI 211 478 560

in Position 39° 30,08´N 002° 44,14´E. I repeat the position: three nine degrees, three zero decimal zero eight minutes north. Zero zero two degrees, four four decimal one four minutes east.

A crew member, 56 years old, I repeat: five six years old is unconscious. Suspect of heart attack. Require immediate help.
(Auf Position... Crewmitglied, 56 Jahre alt, ist bewusstlos. Verdacht auf Herzinfarkt, benötige sofortige Hilfe)

Over

Erhält die Funkstelle in Not keine Antwort auf ihren DSC-Alarm oder Ihre Notmeldung im Sprechfunk, so ist die Einleitung des Notverkehrs zu wiederholen!

FUNKBETRIEBSZEUGNIS SRC
Zur Vorbereitung auf die theoretische und praktische Prüfung.

Notruf: Bestätigung

Ein Notruf ist zu bestätigen. Sportboote bestätigen einen Notruf, wenn sie Hilfe leisten können, ohne sich selbst dabei in Gefahr zu bringen, oder aber sie bestätigen den Notruf, wenn sie Hilfe herbeiholen können. Landfunkstellen haben das Vorrecht der Bestätigung. Sportboote bestätigen erst **nach** der Küstenfunkstelle oder einer "angemessenen Wartefrist". Die Bestätigung erfolgt grundsätzlich im Sprechfunkverfahren und nicht mittels DSC-Controller.

Auch die Bestätigung beginnt mit **MAYDAY**, jedoch wird dieses Schlagwort - ebenso wie der Schiffsname - nur einmal ausgesprochen. Call Sign oder MMSI werden nur genannt, wenn der Name des Havaristen unbekannt ist.

Beispiel 1: Bestätigung durch eine Landfunkstelle

MAYDAY

Motoryacht Calypso

this is

Bremen Rescue

Received Mayday.
(erhalten Mayday)

Beispiel 2: Bestätigung durch eine Schiffsfunkstelle

MAYDAY

Motoryacht Calypso

this is

Sailing Yacht Umbrella

Received Mayday.
(erhalten Mayday).

Notruf: Weiterleitung

Empfängt und bestätigt eine Schiffsfunkstelle einen Notruf und kann selbst keine Hilfe leisten, so ist die Meldung an eine Landfunkstelle weiterzuleiten. Dies erfolgt ausschließlich per Sprechfunk. In der Meldung ist die gesamte Notmeldung des Havaristen wiederzugeben.

Der Anruf wird begonnen mit **MAYDAY RELAY (mähdeeh reelee)**.

Wird eine Notsituation auf einem anderen Fahrzeug beobachtet, welches keinen Notruf abgesetzt hat, so wird von uns ebenfalls eine Weiterleitung an die Landfunkstelle durch den Beobachter gesendet.

FUNKBETRIEBSZEUGNIS SRC
Zur Vorbereitung auf die theoretische und praktische Prüfung.

Beispiel 1: Weiterleitung eines empfangenen Rufes:

MAYDAY RELAY, MAYDAY RELAY, MAYDAY RELAY

Bremen Rescue, Bremen Rescue, Bremen Rescue

this is

Sailing Yacht Umbrella, Umbrella, Umbrella, Call Sign DF3232, MMSI 211 463 770

I received at 1050 UTC, I repeat one zero five zero UTC on VHF Channel 16 and 70, I repeat one six and seven zero as follows:

MAYDAY

Motoryacht Calypso, I repeat and spell "Calypso": Charly, Alpha, Lima, Yankee, Papa, Sierra, Oscar. Call Sign DA1234, MMSI 211 478 560 in Position 39° 30,08´N 002° 44,14´E. I repeat the position: three nine degrees, three zero decimal zero eight minutes north. Zero zero two degrees, four four decimal one four minutes east. A crew member, 56 years old, I repeat: five six years old is unconscious. Suspect of heart attack. Require immediate help.

End of received message.

Over

Beispiel 2: Weiterleitung einer Beobachtung:

MAYDAY RELAY, MAYDAY RELAY, MAYDAY RELAY

Bremen Rescue, Bremen Rescue, Bremen Rescue

this is

Sailing Yacht Umbrella, Umbrella, Umbrella, Call Sign DF3232, MMSI 211 463 770

At 1050 UTC, I repeat one zero five zero UTC I observed as follows:

In Position 39° 30,08´N 002° 44,14´E. I repeat the position: three nine degrees, three zero decimal zero eight minutes north. Zero zero two degrees, four four decimal one four minutes east. Capsized liferaft observed. No persons in vicinity. Require immediate assistance.

Over

FUNKBETRIEBSZEUGNIS SRC
Zur Vorbereitung auf die theoretische und praktische Prüfung.

Notruf: Störende Funkstellen

Wurde Notverkehr eingeleitet, ist der verwendete Funkkanal (üblicherweise Kanal 16) ausschließlich für die Abwicklung des Notverkehrs zu verwenden. Andere Sendungen wie z. B. Dringlichkeitsmeldungen dürfen nun nicht gesendet werden. Es ist absolute Funkstille zu wahren.

In Sprechpausen dürfen Sicherheitsmeldungen oder Dringlichkeitsrufe angekündigt werden, die eigentliche Meldung muss allerdings auf einem anderen Kanal gesendet werden.

Muss eine weitere Funkstelle Notverkehr einleiten, ist dies natürlich erlaubt, denn "Not kennt kein Gebot"!

Es kann vorkommen, dass eine Funkstelle keine Kenntnis davon hat, dass Notverkehr läuft und somit die Funkstille einzuhalten ist. In diesem Fall darf der Havarist selbst als auch beteiligte Helfer die Funkstille gebieten:

Beispiel 1: Die störende Stelle (Schiffsname) ist unbekannt.

> All stations
> Silence Mayday

Beispiel 2: Die störende Stelle (Schiffsname) ist bekannt.

> Prinzessin Leia (= störende Funkstelle)
> Silence Mayday

Notruf: Aufheben der Funkstille

Ist der Notfall beendet und die Situation vollständig unter Kontrolle, so muss der Notverkehr beendet werden. Genauer gesagt wird nicht der Notverkehr beendet, sondern die Funkstille aufgehoben, die der Havarist beim Aussenden der Notmeldung allen anderen auferlegt hat.

Die Aufhebung kann durch den Havaristen selbst, aber auch durch beteiligte Rettungskräfte gesendet werden.

Eine Aufhebung wird grundsätzlich an "all stations" gesendet. Die Meldung besteht aus:

a) der aktuellen Uhrzeit in UTC
b) Name, Call Sign und MMSI des Havaristen
c) den Worten "silence fini", was so viel bedeutet wie "die Funkstille ist beendet".

FUNKBETRIEBSZEUGNIS SRC
Zur Vorbereitung auf die theoretische und praktische Prüfung.

Beispiel 1: Aufheben der Funkstille durch den Havaristen selbst

MAYDAY

All stations all stations all stations

this is

Motoryacht Calypso, Calypso, Calypso, Call Sign DA1234, MMSI 211 478 560

At 1130 UTC, I repeat: One one three zero UTC

Motoryacht Calypso, I repeat and spell "Calypso": Charly, Alpha, Lima, Yankee, Papa, Sierra, Oscar. Call Sign DA 1234, MMSI 211 478 560

Silence fini

Beispiel 2: Aufheben der Funkstille durch eine Rettungskraft:

MAYDAY

All stations all stations all stations

this is

Motorvessel Rescue 1, Rescue 1, Rescue 1, Call Sign DCWA, MMSI 211 348 580

At 130 UTC, I repeat: One one three zero UTC

Motoryacht Calypso, I repeat and spell "Calypso": Charly, Alpha, Lima, Yankee, Papa, Sierra, Oscar. Call Sign DA 1234, MMSI 211 478 560

Silence fini

FUNKBETRIEBSZEUGNIS SRC
Zur Vorbereitung auf die theoretische und praktische Prüfung.

Notruf: Fehlalarm

Wurde versehentlich ein Notalarm ausgelöst -z. B. durch drücken der Distress - Taste- obwohl kein Notfall vorliegt, so ist der Alarm unverzüglich zurück zu nehmen. Zunächst ist der DSC-Controller zurück zu setzen (siehe „DSC: Fehlalarm") und anschließend ein Sprechfunkruf auf Kanal 16 abzusetzen. Da kein Notfall vorliegt, darf der Funkspruch nicht mit dem Wort "Mayday" eingeleitet werden!

Beispiel 1: Aufheben eines Fehlalarms bei bekannter Uhrzeit der Aussendung

All stations all stations all stations

this is

Motoryacht Calypso, Calypso, Calypso,
Call Sign DA1234, MMSI 211 478 560

Please cancel my distress alert of 1540 UTC,
I repeat one five four zero UTC

Out.

Beispiel 2: Aufheben eines Fehlalarms bei nicht exakt bekannter Zeit der Aussendung

All stations all stations all stations

this is

Motoryacht Calypso, Calypso, Calypso,
Call Sign DA1234, MMSI 211 478 560

Please cancel my distress alert which was sent a few minutes ago.

Out.

FUNKBETRIEBSZEUGNIS SRC
Zur Vorbereitung auf die theoretische und praktische Prüfung.

SPRECHFUNKTAFEL SEEFUNK NACH GMDSS / GEMÄSS RADIO REGULATIONS 2012

		Eigener Notverkehr	Bestätigung Notmeldung	Weiterleitung Notmeldung	Funkstille gebieten	Notverkehr beenden	DSC Fehlalarm aufheben	Dringlichkeitsmeldung	Dringlichkeit beenden	Sicherheitsmeldung
INFOS			Nur Sprechfunk nach DSC, anschließend Bestätigung durch KuFuSt oder nach Wartefrist	Ausschließlich per Sprechfunk.	Per Sprechfunk	Nur per Sprechfunk	Controller zurücksetzen, dann per Sprechfunk	Per DSC, anschließend per Sprechfunk	Per Sprechfunk	Ankündigung per DSC und auf CH 16, dann Sprechfunk auf Schiff-Schiff - Kanal
ANRUF		MAYDAY MAYDAY MAYDAY	MAYDAY	MAYDAY RELAY MAYDAY RELAY MAYDAY RELAY	Als Havarist oder FüSt, die den Funkverkehr leitet	MAYDAY	ALL STATIONS ALL STATIONS ALL STATIONS	PAN PAN PAN PAN PAN PAN	PAN PAN PAN PAN PAN PAN	SECURITE SECURITE SECURITE
		this is	Infinity (Havarist) Call Sign DA6543 (wenn Name des Havaristen unbekannt)	ALL STATIONS ALL STATIONS ALL STATIONS		ALL STATIONS ALL STATIONS	this is	ALL SHIPS ALL SHIPS ALL SHIPS	ALL SHIPS ALL SHIPS ALL SHIPS	ALL SHIPS ALL SHIPS ALL SHIPS
		Infinity Infinity Infinity		this is	ALL STATIONS (oder Name des Störers)	this is	Infinity Infinity Infinity	this is	this is	this is
		Call Sign DA6543 MMSI 211568790	this is	Sulley	SILENCE MAYDAY	Infinity Infinity Infinity	Call Sign DA6543 MMSI 211568790	Infinity Infinity Infinity	Infinity Infinity Infinity	Infinity Infinity Infinity
			Sulley Call Sign DB4747	Sulley Call Sign DB4747 MMSI 211269880		Call Sign DA6543 MMSI 211568790		Call Sign DA6543 MMSI 211568790	Call Sign DA6543 MMSI 211568790	Call Sign DA6543 MMSI 211568790
MELDUNG		MADAY Infinity Call Sign DA6543 MMSI 211568790	RECEIVED MAYDAY	Beschreibung einer beobachteten Notlage mit Position und Art der Notlage. oder		At 1815 UTC (Aktuelle Uhrzeit) Infinity	PLEASE CANCEL MY DISTRESS ALERT OF 1230 UTC (Uhrzeit zu der der Fehlalarm ausgelöst wurde)	In Position 54° 31,2 N 007° 21,6 E Broken Rudder, drifting in rough sea, require tug assistance by a ship in the near	Please cancel my urgency message of 1430 UTC (Uhrzeit zu der der Alarm ausgelöst wurde)	In Position 54° 31,2 N 007° 21,6 E Drifting Containers observed
		Position 54° 31,2 N 007° 21,6 E Ship is sinking On board are 7 people (Weitere wichtige Infos) Require immediate help OVER		I received following distress message on VHF Channel 70 and 16 at 0715 UTC (Wiedergabe der empfangenen Notmeldung des Havaristen) End of received distress message OVER		Call Sign DA6543 MMSI 211568790 SILENCE FINI	OUT	OVER	OUT	Ships in area please navigate with caution. OUT

FUNKBETRIEBSZEUGNIS SRC
Zur Vorbereitung auf die theoretische und praktische Prüfung.

Lernstandskontrolle XIV

1. Wie lautet das Dringlichkeitszeichen im Sprechfunk?
Pan Pan

2. Was wird im Sprechfunk durch das Zeichen Pan Pan angekündigt?
Dringlichkeitsmeldung

3. An wen dürfen Dringlichkeitsmeldungen im Seefunkdienst grundsätzlich gerichtet werden?
An alle Funkstellen oder an eine bestimmte Funkstelle

4. Wie ist zu verfahren, wenn eine an alle Funkstellen ausgesendete Dringlichkeitsmeldung erledigt ist?
Dringlichkeitsmeldung muss durch eine Meldung an alle Funkstellen aufgehoben werden.

5. Wie lautet das Sicherheitszeichen im Seefunkdienst?
Securite

6. Welche Meldung wird mit Securite eingeleitet?
Sicherheitsmeldung

7. Wie lautet das Notzeichen im Sprechfunk?
Mayday

8. Womit wird der Notverkehr im Sprechfunk eingeleitet?
Mayday

9. An wen soll eine Seefunkstelle den Notalarm für ein anderes in Not befindliches Schiff richten?
Grundsätzlich an die nächstgelegene Küstenfunkstelle oder sonst an alle Funkstellen.

10. Welche Voraussetzungen muss eine Seefunkstelle erfüllen, die den Empfang eines DSC-Notalarms auf UKW im Sprechfunk bestätigt?
Sie muss Hilfe leisten können.

11. Wann darf eine Seefunkstelle, wenn sie Hilfe leisten kann, den Empfang eines DSC-Notalarms auf UKW im Sprechfunk bestätigen?
Nach Bestätigung durch eine Küstenfunkstelle oder einer angemessenen Wartefrist.

12. Auf welchem UKW-Kanal und in welchem Verfahren bestätigt eine Seefunkstelle den auf Kanal 70 empfangenen Notalarm?
Kanal 16, Sprechfunkverfahren

13. Wann wird im Seefunkdienst die Aufforderung "SILENCE MAYDAY" ausgesendet?
Wenn die Funkstelle, die den Notverkehr leitet, störende Funkstellen zur Einhaltung der Funkstille auffordert.

FUNKBETRIEBSZEUGNIS SRC
Zur Vorbereitung auf die theoretische und praktische Prüfung.

---

14. Wer fordert in einem Seenotfall eine störende Funkstelle mit den Wörtern "SILENCE MAYDAY" zur Einhaltung der Funkstille auf?
Die Funkstelle, die den Notverkehr leitet.

15. Nach welchem Betriebsverfahren wird der Funkverkehr in Notfällen zwischen Seefunkstellen und SAR-Hubschraubern abgewickelt?
Betriebsverfahren des mobilen Seefunkdienstes

16. In welchem Frequenzbereich kann mit SAR-Einheiten Seefunkverkehr abgewickelt werden?
UKW - Bereich

17. Im Funkverkehr zwischen Seefunkstellen und SAR-Hubschraubern gilt das Betriebsverfahren...
... des Seefunkdienstes

18. Auf welchen UKW - Kanälen dürfen zu Sicherheitszwecken Seefunkstellen mit SAR-Hubschraubern Funkverkehr vorzugweise abwickeln?
Kanal 16, Kanal 06

19. Wodurch werden in der Regel bei einer Rettungsaktion mit SAR-Hubschraubern die Kanäle 16 und 06 überwacht?
Zweikanal - Überwachung (Dual Watch)

20. Welchen UKW-Kanal soll ein Schiff in Not bis zur Ankunft eines SAR-Hubschraubers abhören?
Kanal 16

21. Was ist zu tun, wenn irrtümlich von einer Seefunkstelle eine Notalarm auf Kanal 70 ausgelöst worden ist?
Gerät umgehend zurücksetzen, wenn möglich den Fehlalarm per DSC zurücknehmen, mit Meldung auf Kanal 16 "An alle Funkstellen" den Fehlalarm zurücknehmen.

22. Mit welcher Meldung werden die Funkstellen davon unterrichtet, dass der Notverkehr beendet ist?
Meldung, die mit SILENCE FINI abschließt.

23. Wann und warum wird die Einleitung eines Notverkehrs wiederholt?
Wenn die aussendende Stelle keine Antwort auf ihren DSC-Alarm oder ihre Notmeldung erhalten hat oder wenn sie es aus anderen Gründen für notwendig hält.

FUNKBETRIEBSZEUGNIS SRC
Zur Vorbereitung auf die theoretische und praktische Prüfung.

Buchstabieralphabet

Übungen

Gemäß Empfehlung aus den Radio Regulations sind Ortsnamen, Eigennamen, Schiffsnamen innerhalb von Meldungen **(wohlgemerkt: Nicht in Anrufen!)** im internationalen Buchstabieralphabet zu buchstabieren. Insbesondere gilt dies bei schlechten Funkverbindungen.

Buchstabieren Sie…
… Ihren Vornamen
… Ihren Nachnamen

… folgende Wörter:

>>	EDINBURGH
>>	NIJMEGEN
>>	MINZSCHOKOLADE
>>	NEBUCHADNEZAR
>>	QUANTENPHYSIK

A	ALPHA	N	NOVEMBER
B	BRAVO	O	OSKAR
C	CHARLIE	P	PAPA
D	DELTA	Q	QUEBEC
E	ECHO	R	ROMEO
F	FOXTROTT	S	SIERRA
G	GOLF	T	TANGO
H	HOTEL	U	UNIFORM
I	INDIA	V	VICTOR
J	JULIETT	W	WHISKEY
K	KILO	X	X-RAY
L	LIMA	Y	YANKEE
M	MIKE	Z	ZULU

Umlaute werden -wie auch im Kreuzworträtsel- in der Form

Ä = AE   Ü = UE   Ö = OE

dargestellt bzw. ausgesprochen.

Buchstabieren Sie folgende Wörter:

>>	KÖLN
>>	DÜSSELDORF
>>	ÄGYPTEN

1	EINS	ONE		
2	ZWEI	TWO		
3	DREI	THREE	("TRI")	
4	VIER	FOUR	("FAUER")	
5	FÜNF	FIVE		
6	SECHS	SIX		
7	SIEBEN	SEVEN		
8	ACHT	EIGHT		
9	NEUN	NINE	("NEINER")	
0	NULL	ZERO		

Werden mehrere Wörter hintereinander buchstabiert, so spricht man an der Stelle des „Leerzeichens" zwischen den Wörtern

„neues Wort" bzw. „new word"

Buchstabieren Sie folgende Wörter:

>>	SAINT BRIEUC
>>	PLATJA DE PALMA
>>	SANTIAGO DE COMPOSTELA

FUNKBETRIEBSZEUGNIS SRC
Zur Vorbereitung auf die theoretische und praktische Prüfung.

Vokabelsammlung

Hier eine Sammlung der wichtigsten englischen Vokabeln für die Übersetzungsaufgaben Englisch-Deutsch und Deutsch-Englisch sowie das Absetzen der Sprechfunkmeldungen. Alphabetisch sortiert.

A
abandoning	Das Verlassen (des Schiffes)
according to	gemäß, entsprechend,
advise	Rat, Ratschlag
anchor	Anker, das Ankern
apoplectic stroke	Schlaganfall
Assistance	Unterstützung, Beistand, Mithilfe

B
backing	rückdrehen
Baltic (Sea)	Die Ostsee
bank	Sandbank
berth	Abstand, einen Bogen machen
bleeding	das Bluten
boom	Segelbaum
bound for	unterwegs nach..
broken	gebrochen
buoyage	Betonnung

C
capsizing	Das Kentern
collision	Kollision, Zusammenstoß
colored	farblich markiert, in der Farbe
condition	Zustand
course	Kurs

D
dangerous	gefährlich
decreasing	abnehmend
deep water lane	Tieffahrwasserweg
defective	defekt, kaputt
description	Beschreibung
disable adrift	Manövrierunfähig treiben
drifting	treiben, abtreiben,
drizzle	Sprühregen, Niesel
due to	aufgrund von

E
easterly	östlich
engine	Maschine / Motor
engine room	Maschinenraum

F
fairway	Fahrwasser
fire fighting	Brandbekämpfung
fishing gear	Fischereigeschirr
flooding	Wassereinbruch
force	Stärke (hier: Beaufort)
forecast area	Vorhersagegebiet

G
gale	Sturm
gale warning	Sturmwarnung
grounding	Grundberührung
gust, gusts	Bö, Böen

H
heart attack	Herzinfarkt
hull	Schiffsrumpf

FUNKBETRIEBSZEUGNIS SRC
Zur Vorbereitung auf die theoretische und praktische Prüfung.

I
immediate	unmittelbar, direkt, dringend, umgehend
immediately	sofort, unverzüglich
in progress	im Gang, in Bearbeitung
increasing	zunehmend
injured (Person)	Verletzte(r), Verletze Person

L
leak	Leck
life raft	Rettungsfloß / -insel
light buoy	Leuchttonne
list	Schlagseite
lookout	Ausschau

M
Man over Board	Mensch über Bord
marked	markiert, gekennzeichnet
massive	extrem, sehr stark
moderate	mäßig
Motor Vessel	Maschinenfahrzeug

N
neither ... nor ..	weder ... noch ...
north-easterly	nord-östlich
northerly	nördlich
north-westerly	nord-westerly
not under command	manövrierunfähig
notices to mariners	Nachrichten für Seefahrer

O
occurrent	auftretend, vorfallend
overdue	überfällig

P
painted	farblich markiert, Farbe eines Anstrichs
piracy attack	Piratenangriff
poor	schlecht, schlechte (Sicht)
port	Hafen
port side	Backbord
possible	möglich(e)
powerful	stark, deutlich
rapidly	schnell, zügig
replacement	Austausch
rough	rauh, grob, stürmisch
rudder	Ruder, Ruderanlage

S
sail	Segel
Sailing Vessel	Segelfahrzeug
Sailing Yacht	Segelyacht
serious(ly)	ernst, schwerwiegend, gravierend
several	verschiedene, diverse
showers	Regenschauer / Guss, Starkregen
since	Seit (zeitlich)
souterly	südlich
south-easterly	süd-östlich
south-westerly	süd-westlich
splint, splinted	Medizinisch: Schiene, wurde geschient
starboard	Steuerbord
steering gear	Ruderanlage
strong	stark
submerged	untergetaucht, unter der Wasseroberfläche
superstructures	Aufbau, Aufbauten
survivor	Überlebender
suspect	Verdacht
swell	Schwell, Wellengang

FUNKBETRIEBSZEUGNIS SRC
Zur Vorbereitung auf die theoretische und praktische Prüfung.

T

Traffic Separation Scheme (TSS)	Verkehrstrennungsgebiet (VTG)
to abandon	verlassen, aufgeben
to approach	annähern, anfahren, herannahen
to indicate	zeigen, anzeigen, angeben
to navigate	navigieren
to observe	beobachten
to report	berichten, anzeigen, melden
to request	anfordern / erbitten
to require	benötigen, brauchen, anfordern
to seal	abdichten
towing	Schleppen, Abschleppen
true bearing	Rechtweisende Peilung
true course	Rechtweisender Kurs
trunk	Baumstamm
Tug	Schlepper

U

unconscious	bewusstlos
underway	unterwegs
undesignated	nicht näher definiert / unbestimmt
unlit	verloschen
urgent(ly)	dringend, vordringlich

V

veering	rechtdrehen
Vessel	Fahrzeug
vicinity	in der Nähe / die Umgebung

W

westerly	westlich
whale	Der Wal
whistle buoy	Heulboje / Heultonne
will be carried out	wird erfolgen

FUNKBETRIEBSZEUGNIS SRC
Zur Vorbereitung auf die theoretische und praktische Prüfung.

Entscheidungshilfe

Dieses Schema sollen helfen, das Editieren des DSC-Controllers und das Absetzen der Funksprüche zu trainieren und zu verinnerlichen. In den Aufgaben und in der Regel auch in der praktischen Prüfung wird das Rufzeichen (Call Sign) mit einem Schrägstrich vom Schiffsnamen abgetrennt. Im Funkspruch sind die Worte "Call Sign" mit auszusprechen, ebenso auch "MMSI" vor der Nennung der Ziffern.

ROUTINE AN EINE BESTIMMTE FUNKSTELLE
Beispielaufgabe: Sie möchten von Ihrem Motorboot "Calypso", / DA2343, MMSI 211974560 mit der Segelyacht "Svenja" / DB1292, MMSI 211345680 ein persönliches Gespräch auf Kanal 72 führen.

1. DSC-Controller
Menü >> DSC-Calls >> Individual Call >> Eingabe MMSI 211345680 >> Auswahl Arbeitskanal 72 >> Aussendung

2. Sprechfunkmeldung
Nachdem die DSC-Bestätigung der "Svenja" eingegangen ist und quittiert wurde, stellt sich der Funkkanal 72 automatisch ein. Die Sendeleistung ist auf 1 Watt zu reduzieren. Private Gespräche werden im Nahbereich geführt.

Sailing Yacht Svenja, Svenja, Svenja, Call Sign DB1992, MMSI 211345680

this is

Motorvessel Calypso, Calypso, Calypso, Call Sign DA2343, MMSI 211974560

how do you read me?

Over

SICHERHEITSMELDUNG AN ALLE FUNKSTELLEN
Beispielaufgabe: Motorboot "Calypso" / DA2343, MMSI 211974560 entdeckt auf Position 38° 22,6´N 002° 34,6´E diverse treibende Baumstände. 101201UTC JUL

1. DSC-Controller
Menü >> DSC-Calls >> All Ships Call >> Kategorie "Safety" >> Auswahl Arbeitskanal 08 (alternativ 06 oder 13, aber definitiv nicht 16, da dort niemals Sicherheitsmeldungen gesendet werden dürfen!) >> Aussendung

2. Sprechfunkmeldung (Ankündigung)
Nach der DSC - Alarmierung ist eine Ankündigung im Sprechfunkverfahren auf Kanal 16 zu senden. Läuft dort gerade höherwertiger Funkverkehr, ist eine Sprechpause abzuwarten. Als Sendeleistung sind 25 Watt zu wählen.

FUNKBETRIEBSZEUGNIS SRC
Zur Vorbereitung auf die theoretische und praktische Prüfung.

SECURITE SECURITE SECURITE

All stations, all stations, all stations

this is

Motorvessel Calypso, Calypso, Calypso,
Call Sign DA2343, MMSI 211974560

please change to VHF Channel 08, I repeat: zero eight, for safety message.

Out

3. Sprechfunkmeldung (eigentliche Sicherheitsmeldung)
Als nächstes wird die eigentliche Sicherheitsmeldung auf Kanal 8 unter Verwendung von 25 Watt Sendeleistung gesendet:

SECURITE SECURITE SECURITE

All stations, all stations, all stations

this is

Motorvessel Calypso, Calypso, Calypso,
Call Sign DA2343, MMSI 211974560

In position 38° 22,6´N 002° 34,6´E. I repeat the position: three eight degrees, two two decimal six minutes North, zero zero two degrees, three four decimal six minutes east. I observed several drifting trunks. Please navigate with caution.

Out

DRINGLICHKEITSMELDUNG AN EINE FUNKSTELLE
Beispielaufgabe: Motorboot "Calypso" / DA2343, MMSI 211974560 hat Maschinenausfall und erbittet Schlepphilfe vom Boot "Svenja / DB1992, MMSI 211345680", dass sich 0,5sm voraus befindet. 101201UTC JUL

1. DSC-Controller
Menü >> DSC-Calls >> Individual Call >> Eingabe MMSI 211345680 >> Kategorie "Urgency" >> Auswahl Arbeitskanal 16 (Kanal 16 darf verwendet werden, sofern kein Notverkehr läuft. Alternativ Kanal 08 oder 13 wählen) >> Aussendung

2. Sprechfunkmeldung
Nach Erhalt der DSC-Bestätigung von "Svenja" springen die Sprechfunkgeräte auf den Arbeitskanal. Es folgt die Sprechfunkmeldung:

PAN PAN PAN PAN PAN PAN

Svenja, Svenja, Svenja,
Call Sign DB1992, MMSI 211345680

this is

Motorvessel Calypso, Calypso, Calypso,
Call Sign DA2343, MMSI 211974560

Position: 0,5nm, I repeat: zero decimal five nautical miles behind you. I´ve got engine trouble and I need tug assistance.

Over

FUNKBETRIEBSZEUGNIS SRC
Zur Vorbereitung auf die theoretische und praktische Prüfung.

DRINGLICHKEITSMELDUNG AN ALLE FUNKSTELLEN (KANAL 16 IST DABEI FREI)

Beispielaufgabe: Motorboot "Calypso" / DA2343, MMSI 211974560 hat auf Position 38°22,6´N 002° 34,6´E einen Maschinenausfall und erbittet Schlepphilfe. Kanal 16 ist aktuell nicht durch Notverkehr belegt. 101201UTC JUL

1. DSC-Controller

Menü >> DSC-Calls >> All Ships Call >> Kategorie "Urgency" >> Auswahl Arbeitskanal 16 >> Aussendung

2. Sprechfunkmeldung

Nach der Aussendung des DSC-Alarms folgt die Sprechfunkmeldung auf Kanal 16 mit 25 Watt Sendeleistung:

PAN PAN PAN PAN PAN PAN

All stations, all stations, all stations,

this is

Motorvessel Calypso, Calypso, Calypso,
Call Sign DA2343, MMSI 211974560

In position 38° 22,6´N 002° 34,6´E. I repeat: three eight degrees, two two decimal six minutes north, zero zero two degrees, three four decimal six minutes east.

I´ve got engine trouble and I need tug assistance.

Over

DRINGLICHKEITSMELDUNG AN ALLE FUNKSTELLEN (KANAL 16 IST DABEI BELEGT)

Beispielaufgabe: Motorboot "Calypso" / DA2343, MMSI 211974560 hat auf Position 38°22,6´N 002° 34,6´E einen Maschinenausfall und erbittet Schlepphilfe. Kanal 16 ist aktuell mit Notverkehr belegt. 101201UTC JUL

1. DSC-Controller

Menü >> DSC-Calls >> All Ships Call >> Kategorie "Urgency" >> Auswahl Arbeitskanal 08 (da Kanal 16 gerade belegt; alternativ Kanal 13 möglich) >> Aussendung

2. Sprechfunkmeldung (Ankündigung)

Nach der Aussendung des DSC-Alarms folgt die Ankündigung im Sprechfunkmeldung auf Kanal 16 während einer Sprechpause mit 25 Watt Sendeleistung:

PAN PAN PAN PAN PAN PAN

All stations, all stations, all stations,

this is

Motorvessel Calypso, Calypso, Calypso,
Call Sign DA2343, MMSI 211974560

please change to channel 08, I repeat: zero eight, for urgency message.

Out

FUNKBETRIEBSZEUGNIS SRC
Zur Vorbereitung auf die theoretische und praktische Prüfung.

3. Sprechfunkmeldung (eigentliche Dringlichkeitsmeldung)
Als letztes folgt auf Kanal 8 die Aussendung der Dringlichkeitsmeldung, auch hier mit 25 Watt Sendeleistung.

PAN PAN PAN PAN PAN PAN

All stations, all stations, all stations,

this is

Motorvessel Calypso, Calypso, Calypso,
Call Sign DA2343, MMSI 211974560

In position 38° 22,6´N 002° 34,6´E. I repeat: three eight degrees, two two decimal six minutes north, zero zero two degrees, three four decimal six minutes east.

I´ve got engine trouble and I need tug assistance.

Over

DRINGLICHKEIT BEENDEN
Beispielaufgabe: Motorboot "Calypso" / DA2343, MMSI 211974560 hat am/um 101201UTC JUL eine Dringlichkeitsmeldung abgesetzt, die nun beendet wird.

1. Sprechfunkmeldung
Die Aussendung erfolgt auf dem Kanal, auf welchem auch die eigentliche Dringlichkeitsmeldung gesendet worden ist. Als Sendeleistung sind 25 Watt zu verwenden.

PAN PAN PAN PAN PAN PAN

All stations, all stations, all stations

this is

Motorvessel Calypso, Calypso, Calypso,
Call Sign DA2343, MMSI 211974560

Please cancel my urgency message of 1201 UTC. I repeat: one two zero one UTC.

Out.

! Die Uhrzeit entspricht der Initialzeit, d. h. der Zeit, zu der die eigentliche Dringlichkeits-meldung gesendet worden ist!

FUNKBETRIEBSZEUGNIS SRC
Zur Vorbereitung auf die theoretische und praktische Prüfung.

NOTMELDUNG AN ALLE FUNKSTELLEN
Beispielaufgabe: Motorboot "Calypso" / DA2343, MMSI 211974560 sinkt auf Position 38°22,6´N 002° 34,6´E nach massiven Wassereinbruch. 101201UTC JUL

1. DSC-Controller
Menü >> DSC-Calls >> Distress Call >> Auswahl des Notfallgrundes (hier: Sinking) >> Eingabe der Position 38° 22,6´N 002° 34,6´E. >> Eingabe der Uhrzeit 12:01 UTC >> Position und Uhrzeit bestätigen >> Aussendung per Distress - Taste

2. Sprechfunkmeldung
Unmittelbar nach der DSC - Alarmierung folgt die Aussendung der Notmeldung auf Kanal 16 mit 25 Watt Sendeleistung:

MAYDAY MAYDAY MAYDAY

this is

Motorvessel Calypso, Calypso, Calypso, Call Sign DA2343, MMSI 211974560

Mayday

Motorvessel Calypso, Call Sign DA2343, MMSI 211974560

in position 38° 22,6´N 002° 34,6´E. I repeat: three eight degrees, two two decimal six minutes north, zero zero two degrees, three four decimal six minutes east.

We are sinking after flooding. Require immediate assistance

Over

BESTÄTIGUNG DER NOTMELDUNG
Beispielaufgabe: Motorboot "Calypso" / DA2343, MMSI 211974560 sinkt auf Position 38°22,6´N 002° 34,6´E nach massiven Wassereinbruch. 101201UTC JUL. Die Seenot-leitstelle Bremen bestätigt den Erhalt der Nachricht per DSC sowie per Sprechfunk:

MAYDAY

Calypso

this is

Bremen Rescue

Received Mayday

FUNKBETRIEBSZEUGNIS SRC
Zur Vorbereitung auf die theoretische und praktische Prüfung.

FUNKSTILLE GEBIETEN
Beispielaufgabe: Motorboot "Calypso" / DA2343, MMSI 211974560 hat Notverkehr eingeleitet. Nun stören andere Funkstellen den Funkverkehr.

a) eine unbekannte Funkstelle
b) eine namentlich bekannte Funkstelle

All stations
Silence mayday

Katy *(störende Funkstelle)*
silence mayday

NOTVERKEHR BEENDEN BZW. AUFHEBEN DER FUNKSTILLE DURCH DEN HAVARISTEN SELBST
Beispielaufgabe: Motorboot "Calypso" / DA2343, MMSI 211974560 hat am / um 101201UTC JUL einen Notalarm abgesetzt, der vom Havaristen selbst nun am/um 101400 UTC JUL beendet wird.

1. Sprechfunkmeldung
Die Aussendung erfolgt auf dem Kanal, auf welchem auch die eigentliche Notmeldung gesendet worden ist. Als Sendeleistung sind 25 Watt zu verwenden.

MAYDAY

All stations, all stations, all stations,

this is

Motorvessel Calypso, Calypso, Calypso,
Call Sign DA2343, MMSI 211974560

at 1400 UTC, I repeat: one four zero zero UTC

Motorvessel Calypso, I repeat and spell "Calypso": Charly, Alpha, Lima, Yankee, Papa, Sierra, Oscar, Call Sign DA2343 MMSI 211974560

Silence fini

FUNKBETRIEBSZEUGNIS SRC
Zur Vorbereitung auf die theoretische und praktische Prüfung.

NOTVERKEHR BEENDEN BZW. AUFHEBEN DER FUNKSTILLE DURCH DIE RETTUNGSKRÄFTE

Beispielaufgabe: Motorboot "Calypso" / DA2343, MMSI 211974560 hat am / um 101201UTC JUL einen Notalarm abgesetzt, der vom von den Rettungskräften nun am/um 101400 UTC JUL beendet wird.

1. Sprechfunkmeldung

Die Aussendung erfolgt auf dem Kanal, auf welchem auch die eigentliche Notmeldung gesendet worden ist. Als Sendeleistung sind 25 Watt zu verwenden.

MAYDAY

All stations, All stations, All stations,

this is

Bremen Rescue, Bremen Rescue, Bremen Rescue

at 1400 UTC, I repeat: one four zero zero UTC

Motorvessel Calypso, I repeat and spell "Calypso": Charly, Alpha, Lima, Yankee, Papa, Sierra, Oscar, Call Sign DA2343 MMSI 211974560
Silence fini

AUFHEBEN EINES FEHLALARMS

Beispielaufgabe: An Bord des Motorboots "Calypso" / DA2343, MMSI 211974560 wurde am / um 101201UTC JUL die Distress-Taste gedrückt und ein Alarm ausgelöst, obwohl kein Notfall vorliegt.

1. DSC - Controller zurücksetzen

Taste "Cancel" >> Taste "Continue" >> Taste "Finish"

Aufgrund der Eingaben wird eine DSC - "Stornierungsnachricht" gesendet. Der fälschlich ausgesendete Notalarm per DSC kann nun nicht mehr bestätigt werden.

2. Sprechfunkmeldung

Der Fehlalarm ist auch im Sprechfunk aufzuheben. Dies geschieht auf Kanal 16 mit 25 Watt Sendeleistung.

All stations, All stations, All stations,

this is

Motorvessel Calypso, Calypso, Calypso, Call Sign DA2343, MMSI 211974560

please cancel my distress alert of 1201 UTC, I repeat: one two zero one UTC

Out

FUNKBETRIEBSZEUGNIS SRC
Zur Vorbereitung auf die theoretische und praktische Prüfung.

WEITERLEITUNG EINER EMPFANGENEN NOTMELDUNG

Beispielaufgabe: An Bord der Motorboot "Calypso" / DA2343, MMSI 211974560 wurde am / um 101201UTC JUL auf Kanal 70 (d. h. per DSC) als auch auf Kanal 16 (Sprechfunk) folgende Notmeldung empfangen: "Mayday, Motorvessel "Svenja" / DB1992, MMSI 211345680, in Position in position 38° 22,6´N 002° 34,6´E. We are sinking after flooding. Require immediate assistance."

Sie können selbst keine Hilfe leisten, werden aber Hilfe herbeiholen.

1. Bestätigung der Notmeldung im Sprechfunkverfahren

Wir bestätigen dem Havaristen den Erhalt der Notmeldung. Dies geschieht ausschließlich im Sprechfunkverfahren, nicht per DSC. Die Meldung wird auf dem Kanal gesendet, auf welchem der Notruf empfangen wurde (hier: Kanal 16). Sendeleistung: 25 Watt

MAYDAY

Svenja

this is

Calypso

Received mayday

2. Weiterleitung an alle Funkstellen

Die Weiterleitung erfolgt ebenfalls ausschließlich im Sprechfunkverfahren und üblicherweise auf Kanal 16 bei 25 Watt Sendeleistung.

MAYDAY RELAY MAYDAY RELAY
MAYDAY RELAY

All stations, all stations, all stations

this is

Motorvessel Calypso, Calypso, Calypso, Call Sign DA2343, MMSI 211974560

following received on VHF Channel 70, I repeat: seven zero and 16, I repeat: one six at 1201 UTC, I repeat: one two zero one UTC:

Mayday

Motorvessel Svenja, I repeat and spell "Svenja": Sierra, Victor, Echo, November, Juliett, Alpha. Call Sign DB1992, MMSI 211345680

in position 38° 22,6´N 002° 34,6´E. I repeat: three eight degrees, two two decimal six minutes north, zero zero two degrees, three four decimal six minutes east.
Vessel is sinking after flooding. Immediate assistance is required

End of received message

Over

FUNKBETRIEBSZEUGNIS SRC
Zur Vorbereitung auf die theoretische und praktische Prüfung.

Seefunktexte

Die folgenden 27 Seefunktexte werden für die Übersetzungsaufgabe Englisch-Deutsch und Deutsch-Englisch verwendet. Einer der Texte wird in englischer Sprache diktiert. Der Prüfungsbewerber nimmt die Meldung auf ein Formblatt in Englisch auf. Während des diktierens werden Orte, Eigennamen, Zahlen, Ziffern (Positionen, Uhrzeiten) wiederholt bzw. buchstabiert. Diese Informationen müssen zu 100% korrekt aufgenommen (aufgeschrieben) werden. Im übrigen Text zählen weder Rechtschreib-, noch Grammatik-fehler, sofern zusammenhänge Sätze notiert und sinngemäß richtig übersetzt werden.

Auf der Rückseite des Formblattes befindet sich ein zweiter Seefunktext auf Deutsch, der schriftlich (sinngemäß) ins Englische übersetzt werden muss.

Seefunktext 1
In der Nähe der Leucht-Heultonne Humber 5 wurde ein gekentertes Rettungsfloß beobachtet. Überlebende wurden nicht gesichtet. Schiffe in dem Gebiet werden gebeten, scharf Ausschau zu halten.

In vicinity of light and whistle buoy Humber 5 capsized life raft observed. Survivors were not sighted. Ships in area are requested to keep sharp lookout.

Seefunktext 2
Seydisfjord/DFBY auf Position 61-10N 003-45E, nach einer Explosion Feuer im Motorraum, zwei Personen schwer verletzt, wir müssen das Schiff verlassen, benötigen sofortige Hilfe.

Seydisfjord/DFBY in position 61-10N 003-45E, after explosion fire in engine room, two persons are seriously injured, we have to abandon the vessel, require immediate help.

Seefunktext 3
M/S Freyburg/DCAW berichtet Mensch über Bord, um 0730 UTC zuletzt gesichtet auf Position 53-53N 008-56E. Alle Schiffe in der Nähe werden gebeten, scharf Ausschau zu halten und die Seenotleitung Bremen zu informieren.

M/V Freyburg/DCAW reports person over board, last seen in position 53-53N 008- 56E at 0730 UTC. All ships in vicinity are requested to keep sharp lookout and report to Maritime Rescue Co-ordination Center Bremen.

Seefunktext 4
Vikingbank/DESI auf Position 54-07N 008-46E, Ruder gebrochen, treiben in rauer See auf die Sände zu, benötigen sofortige Hilfe.

Vikingbank/DESI in position 54-07N 008-46E, rudder broken, drifting in rough sea towards the banks, require immediate assistance.

FUNKBETRIEBSZEUGNIS SRC
Zur Vorbereitung auf die theoretische und praktische Prüfung.

Seefunktext 5

Mensch über Bord auf Position 54-12N 012-03E um 2110 UTC. Schiffe in der Nähe werden gebeten, scharf Ausschau zu halten und der Seenotleitung Bremen zu berichten.

Person over board in position 54-12N 012-03E at 2110 UTC. Ships in vicinity are requested to keep sharp lookout and to report to Maritime Rescue Co-ordination Center Bremen.

Seefunktext 6

M/S Kybfels/DEJM auf Position 48-28N 005-14W, habe starke Schlagseite nach Backbord. Schiffe in der Nähe bitte Position, Kurs und Geschwindigkeit für mögliche Hilfeleistung angeben.

M/V Kybfels/DEJM in position 48-28N 005-14W, heavy list to port side. Ships in vicinity please indicate position, course and speed for possible assistance.

Seefunktext 7

Rote Raketen beobachtet auf Position 55-16N 016-23E, rechtweisende Peilung 45 Grad, alle Schiffe in diesem Gebiet bitte scharf Ausschau halten und an MRCC Göteborg berichten.

Red rockets observed in position 55-16N 016-23E, true bearing of 45 degrees, all ships in this area please keep sharp lookout and report to MRCC Gothenburg.

Seefunktext 8

Sturmwarnung für Skagerrak und Kattegat, West 8 bis 9, abnehmend 7, raue See, Schauer, mäßige bis schlechte Sicht.

Gale warning for Skagerrak and Kattegat, west force 8 to 9, decreasing to force 7, rough sea, showers, moderate to poor visibility.

Seefunktext 9

M/S Gutenfels/DEEV auf Position 16-28S 174-51E, Wassereinbruch, Schiff befindet sich im kritischen Zustand, Schiffe in dem Gebiet werden gebeten, diese Position anzusteuern, um Hilfe zu leisten.

M/V Gutenfels/DEEV in position 16-28S 174-51E, flooding, ship is in critical condition, ships in area are requested to approach to this position for assistance.

Seefunktext 10

Um 0732 UTC folgendes auf UKW-Kanal 16 empfangen: „MAYDAY Fjaellfjord / LGBX auf Position 54-14N 007-52E, Explosionen im Maschinenraum, 6 Personen verletzt, benötigen Hubschrauber und medizinische Hilfe".

Following received at 0732 UTC on VHF channel 16: „MAYDAY Fjaellfjord / LGBX in position 54-14N 007-52E, explosion in engine room, 6 persons are injured, require helicopter and medical assistance".

FUNKBETRIEBSZEUGNIS SRC
Zur Vorbereitung auf die theoretische und praktische Prüfung.

Seefunktext 11
M/S Undine/DCBY auf Position 54-32N 012-56E, Feuer in den Aufbauten, Schiffe in dem Gebiet werden gebeten, Hilfe bei der Brandabwehr zu leisten.

M/V Undine/DCBY in position 54-32N 012-56E, fire in superstructures, vessels in area are requested to assist in fire fighting.

Seefunktext 12
M/S Hanseatic/DABR auf Position 51-10N 003-45E, Schiff ist wegen defekter Ruderanlage manövrierunfähig, benötige Schlepperhilfe.

M/V Hanseatic/DABR in position 51-10N 003-45E, due to defective steering gear vessel is not under command, require tug assistance.

Seefunktext 13
Yacht Spiekeroog/DB8434 auf Position 12 sm südlich Kap Spartivento ist ein Besatzungsmitglied vom Mast gefallen und schwer verletzt, benötigen dringend ärztliche Hilfe, rechtweisender Kurs 275 Grad, Geschwindigkeit 13 Knoten.

Yacht Spiekeroog/DB8434 in position 12 nm south of Cape Spartivento, a crew member has fallen off the mast and is seriously injured, require urgent medical assistance, true course 275 degrees, speed 13 knots.

Seefunktext 14
Segelyacht Hadriane/DD2663 auf Position 54-38N 011-13E, Kollision mit Fischereifahrzeug Meyenburg/DCYJ, Yacht sinkt nach Wassereinbruch, benötigen sofortige Hilfe.

S/Y Hadriane/DD2663 in position 54-38N 011-13E, in collision with fishing vessel Meyenburg/DCYJ, yacht is sinking after flooding, require immediate assistance.

Seefunktext 15
Segelboot Rubin/OZMO, 12 m Länge, roter Rumpf und weiße Segel, zwei Personen an Bord, verließ Klintholm am 16. Juli um 0600 Ortszeit mit Bestimmungshafen Visby, ist bisher dort nicht eingetroffen, die Schifffahrt wird gebeten, scharf Ausschau zu halten und an Lyngby Radio zu berichten.

Sailing boat Rubin/OZMO, length 12 m, red hull and white sails, two persons on board, left Klintholm on July 16th at 0600 local time, bound for Visby and has not yet arrived there, shipping is requested to keep sharp lookout and to report to Lyngby Radio.

Seefunktext 16
Tazacorte/DCAX auf Position 53-54N 008-47E, Schiff brennt, Feuer nicht unter Kontrolle, benötige sofortige Hilfe.

Tazacorte/DCAX in position 53-54N 008-47E, vessel on fire, fire not under control, require immediate assistance.

FUNKBETRIEBSZEUGNIS SRC
Zur Vorbereitung auf die theoretische und praktische Prüfung.

Seefunktext 17
M/S Tete Oldendorff/DKOV auf Position 55-12N 005-08E, ein Besatzungsmitglied, 56 Jahre alt, ist bewusstlos, Verdacht auf Herzinfarkt, benötige dringend medizinische Hilfe per Hubschrauber.

M/V Tete Oldendorff/DKOV in position 55-12N 005-08E, a crew member, 56 years old, is unconscious, suspect of heart attack, require urgently medical assistance by helicopter.

Seefunktext 18
M/S Atlantica/DEAQ auf Position 55-23N 006-18E, Schiff treibt wegen Maschinenausfall manövrierunfähig in sehr schwerer See und hoher Dünung, benötigen dringend Schlepperhilfe.

M/V Atlantica/DEAQ in position 55-23N 006-18E, due to engine trouble ship is not under command and drifting in very rough sea and high swell, require immediate tug assistance.

Seefunktext 19
Segeljacht Relaxe/SWLU, Beschreibung: Länge 40 Fuß, weißer Rumpf und weiße Aufbauten, braune Segel, unterwegs von Martinique zu den Azoren, seit dem 16. Januar überfällig, Schiffe, die sich auf dieser Route befinden, werden gebeten, scharf Ausschau zu halten und der US Küstenwache zu berichten.

Sailing yacht Relaxe/SWLU description: length 40 feet, white hull and white superstructure, brown sails underway from Martinique to the Azores overdue since January 16th, ships on this route are requested to keep sharp lookout and to report to US Coast Guard.

Seefunktext 20
Segeljacht Acatenanco/DB2932, auf Position 61-17N 004-28E, gebrochener Mast, Ruderschaden, Schiff treibt manövrierunfähig in schwerer See, benötigen Schlepperhilfe.

Sailing yacht Acatenanco/DB2932 in position 61-17N 004-28E, broken mast, damaged rudder, vessel is not under command, drifting in rough sea, require tug assistance.

Seefunktext 21
Im Vorhersagegebiet Dogger Bank starke westliche Winde zunehmend auf Sturmstärke 8 bis 9, später rechtdrehend, zeitweise Sprühregen, mäßige bis schlechte Sicht.

Forecast area Dogger Bank strong westerly winds increasing to gale force 8 to 9, veering later, drizzle at times, moderate to poor visibility.

Seefunktext 22
Auf der Position 43-00N 009-19W sind mehrere rot gestrichene 40-Fuß-Container gesichtet worden, ein Container mit der Aufschrift TEXASCON, Schiffe in diesem Gebiet werden gebeten, vorsichtig zu navigieren.

In position 43-00N 009-19W observed several drifting 40-feet containers, red painted, one container marked with TEXASCON, ships in this area are requested to navigate carefully.

FUNKBETRIEBSZEUGNIS SRC
Zur Vorbereitung auf die theoretische und praktische Prüfung.

Seefunktext 23

M/S Xanthippe hat auf Position 51-28N 002-40E Anker verloren. Schiffe in dem Gebiet werden gebeten, dort weder zu ankern noch Fischereigeschirr zu nutzen.

M/V Xanthippe in position 51-28N 002-40E has lost anchor. Shipping in this area is requested neither to anchor nor to use fishing gear.

Seefunktext 24

Fahrwasser zwischen Den Helder und Den Oever, die Leucht-Heultonne MG 18 ist als verlöscht gemeldet. Die Schifffahrt in diesem Gebiet wird gebeten, vorsichtig zu navigieren.

Fairway between Den Helder and Den Oever light and whistle buoy MG 18 is reported unlit. Shipping in this area is requested to navigate with caution.

Seefunktext 25

Wettervorhersage für das Gebiet nördlich von Portugal: Regen oder Schauer, zeitweise Südwest 6, rasch zunehmend auf West 8, später rechtdrehend auf Nordwest Stärke 5.

Weather forecast for the area north of Portugal: rain or showers, at times southwest force 6 rapidly increasing to west force 8, veering to northwest force 5 later.

Seefunktext 26

Unterwasser-Kabelarbeiten werden bis zum 16. Februar durch M/S Leon Thevesin fortgeführt. Die Schifffahrt wird gebeten, mehr als 2 sm Abstand von der Position 33-55N 008-04W zu halten.

Underwater cable operations in progress until February 16th by M/V Leon Thevesin. Shipping is requested to keep a berth of more than 2 nm of position 33-55N 008-04W.

Seefunktext 27

Nautische Warnung. Westliche Ostsee: Verkehrstrennungsgebiet südlich Gedser. Austausch der Betonnung des Tieffahrwasserwegs und des Verkehrstrennungsgebietes wird laut Nachrichten für Seefahrer 41/01 vom 28. Mai bis 03. Juni durchgeführt werden.

Navigational warning. Western Baltic (Sea): Traffic separation scheme south of Gedser. Replacement of buoyage of deep water lane and traffic separation scheme will be carried out from 28 May to 03 June according to German notices to mariners 41/01.

FUNKBETRIEBSZEUGNIS SRC
Zur Vorbereitung auf die theoretische und praktische Prüfung.

Übungen DSC-Alarm / Sprechfunkmeldungen

Die folgenden Übungen dienen dazu, das Editieren des DSC-Controllers sowie das Absetzen der Sprechfunkmeldungen zu trainieren.

Aufgabe 1
Editieren Sie folgende Position und Uhrzeit: 54°38,2´N 008°45,6´E um 0805 UTC.

Aufgabe 2
Editieren Sie folgende Position und Uhrzeit: 44°13,6´S 005° 24,9´E um 14:30 MESZ

Aufgabe 3
Editieren Sie folgende Position und Uhrzeit: 55°22,3´N 006° 12,7´W um 12:21 MEZ

Aufgabe 4
Lesen Sie die MMSI Ihres Gerätes aus.

Aufgabe 5
Prüfen Sie, ob im Controller Notalarme gespeichert sind.

Aufgabe 6
MS Egon / DEGO, MMSI 211456710 meldet die Leuchttonne Öresund 14 auf Position 55-51N 012- 48E als verloschen.

MS Egon / DEGO, MMSI 211456710 reports light buoy Öresund 14 in position 55-51N 012-48E as unlit.

Aufgabe 7
Motoryacht Sunset / DB6352, MMSI 218367410. Treibender, weißer Container mit der Aufschrift „HAPAG LLOYD" gesichtet auf Position 54-05N 007-47E.

MV Sunset / DB6352, MMSI 218367410. Drifting container observed, white colored, marked with "HAPAG LLOYD" in position 54-05N 007-47E.

Aufgabe 8
Motoryacht Gingerbread / DDAA, MMSI 211456780 treibt nach Ruder-, und Mastbruch manövrierunfähig in rauer See. Hilfe wird erbeten. Position: 39° 12,6´N 002° 12,7´E. 061357UTC JUL

MV Gingerbread / DDAA, MMSI 211456780 drifting in rough sea due to broken rudder and broken mast. Help is required. Position: 39° 12,6´N 002°12,7´E. 061357UTC JUL.

Aufgabe 9
Der Ruf aus Nr. 8 kann wieder aufgehoben werden.

Aufgabe 10
Segelyacht Squirrel / DK5738, MMSI 211487600. 4,8sm süd-westlich der Illa Pantaleu. Wassereinbruch nach Kollision mit treibendem Objekt. Die Bilgenpumpen arbeiten. Unterstützung wird erbeten. 292048UTC JUL.

SY Squirrel / DK5738, MMSI 211487600. In position 4,8nm south-westerly of Illa Pantaleu. Flooding after collision with drifting object. Bilge pumps are working. Help is required. 292048UTC JUL.

FUNKBETRIEBSZEUGNIS SRC
Zur Vorbereitung auf die theoretische und praktische Prüfung.

Aufgabe 11
Der Ruf aus Nr. 10 kann wieder aufgehoben werden.

Aufgabe 12
Auf dem Schiff Trans-Atlantic / DVFR, MMSI 212458760 hat sich ein Besatzungsmitglied verletzt. Sie benötigen funkärztliche Beratung via Rijeka Radio 002384720.

Ship Trans-Atlantic / DVFR, MMSI 212458760. A crew member is injured. Medical advice is needed. Rijeka Radio 002384720.

Aufgabe 13
MS ISA / DISA, MMSI 256417690. Schiff sinkt nach Wassereinbruch, Schiff muss verlassen werden. 6 Personen an Bord. Position: 50-28,5N 008-17,4E. 141123UTC JUN

MS ISA / DISA, MMSI 256417690. Ship is sinking after flooding. We have to abandon the vessel. 6 Persons are on board. Position: 50-28,5N 008-17,4E. 141123UTC JUN

Aufgabe 14
Eine unbekannte Funkstelle stört den laufenden Notverkehr.

Aufgabe 15
Die Funkstille (bezüglich Aufgabe 13) kann aufgehoben werden. 141346UTC JUN.

Aufgabe 16
Sportboot Jupiter / DK7252, MMSI 211458780 meldet örtlich starke Böen zwischen Mallorca und Menorca. Die Schifffahrt wird um besondere Vorsicht gebeten.

Sporting Vessel Jupiter / DK7252, MMSI 211456780 reports local occurrent strong gusts between Mallorca and Menorca. Shipping is requested to navigate with caution.

Aufgabe 17
SY Thunder 47 / DG8998, MMSI 218468750. Manövrierunfähig in rauer See aufgrund eines Ruderschadens. 37° 23,1´N 000° 54,4´W. 101112UTC OCT.

Sailing Yacht Thunder 47 / DG8998, MMSI 218468750. Yacht is not under command due to defective steering gear. Position: 37° 23,1´N 000° 54,4´W. 101112UTC OCT.

Aufgabe 18
Hummingbird / DK6674, MMSI 211458790. Bestätigen Sie die auf Kanal 16 erhaltene Notmeldung und leiten Sie Maßnahmen ein. Mayday MV Sunrise Avenue / DC8641, MMSI 218465980 auf Position 39° 26,3´N 002° 37,2´E, etwa 6sm südöstlich von Magaluf. Wassereinbruch. 4 Personen steigen in die Rettungsinsel. 031748UTC AUG.

Mayday MV Sunrise Avenue / DC8641, MMSI 218465980 in position 39° 26,3´N 002° 37,2´E, about 6nm south-easterly of Magaluf. Flooding. 4 persons are boarding the liferaft 031748UTC AUG.

FUNKBETRIEBSZEUGNIS SRC
Zur Vorbereitung auf die theoretische und praktische Prüfung.

Aufgabe 19
An Bord der Conny / DCON, MMSI 218437510 wurde am/um 031259 UTC DEC die Distress – Taste gedrückt und ein Notalarm auf Kanal 70 gesendet, obwohl kein Notfall vorliegt. Heben Sie den Fehlalarm auf.

Aufgabe 20
MS Krahwinkel / DFAS 211321750 sieht ein kleines Boot mit dem Namen „Stupid" mit weißem Rumpf auf Position 41-58,3N 003-47,2E brennen. Weder auf Kanal 16 noch auf Kanal 70 wurde eine Nachricht gesendet. 121315UTC AUG

MS Krahwinkel / DFAS, MMSI 211321750 is observing a small boat with white hull called "Stupid". Ship is burning in position 41-58,3N 003-47,2E. 121315UTC AUG

Aufgabe 21
SY Sheldopolis / DD7823, MMSI 218365120 auf Position 44-51N 014-35E. Treibende Baumstämme. Gefahr für die Schifffahrt.

SY Sheldopolis / DD7823, MMSI 218365120 in position 44-51N 014-35E. Drifting trunks. Dangerous for shipping.

Aufgabe 22
Mensch über Bord auf der Sansibar / DB1345, MMSI 211146820, 2.1sm westlich von Cala Blanca. Sie erbitten Unterstützung bei der Suche und Rettung. 231911UTC AUG.

Sansibar / DB1345, MMSI 211146820 reports Person over board, 2.1nm westerly of Cala Blanca. Assistance is required. 231911UTC AUG.

Aufgabe 23
Die Person wurde wieder an Bord genommen. Der Notverkehr kann beendet werden. 231946UTC AUG.

Aufgabe 24
Überprüfen Sie, ob im DSC-Controller empfangene Dringlichkeitsmeldungen vorliegen.

Aufgabe 25
Sie warten auf die Ankunft des Rettungshubschraubers. Überwachen Sie gleichzeitig die Kanäle 06 und 16.

Aufgabe 26
SY Gargamel / DF5478, MMSI 211369740 sieht das befreundete Schiff Justus Jonas / DK1122, MMSI 218475310 in ca. 1,2 sm Entfernung und möchte ein soziales Gespräch auf UKW-Kanal 77 führen.

SY Gargamel / DF5478, MMSI 211369740 asks Justus Jonas / DK1122, MMSI 218475310 for a talk on VHF CH 77.

Aufgabe 27
Sportboot Rocket / DIID, MMSI 230312540 erkundigt sich bei Warnemünde Traffic, , MMSI 002113690 nach der aktuellen Verkehrslage vor dem Hafen Rostock.

Sportboot Rocket / DIID, MMSI 230312540 asks Warnemünde Traffic, MMSI 002113690 about the actual traffic around port Rostock.

FUNKBETRIEBSZEUGNIS SRC
Zur Vorbereitung auf die theoretische und praktische Prüfung.

Aufgabe 28
Sie haben Wassereinbruch an Bord der Chili con Carne / DK5464, MMSI 211471230 Sie befinden sich ca. 8,5sm nord-westlich von Port de Soller und versuchen das Leck abzudichten. 140905UTC JUL.

Flooding on board of Chili con Carne / DK5464, MMSI 211471230. Position: 8,5nm north-westerly of Port de Soller. We are trying to seal the leak. 140905UTC JUL.

Aufgabe 29
Der Ruf aus Nr. 28 kann aufgehoben werden.

Aufgabe 30
Yacht Coffee Cup / DB6642, MMSI 211362140. Auf Position 55-17,6S 005-48,9W haben Sie einen treibenden Seecontainer, gelb, mit roter Aufschrift „Schenker" gesichtet. Es besteht Gefahr für die Schifffahrt.

Yacht Coffee Cup / DB6642, MMSI 211362140. In position 55-17,6S 005-48,9W. Drifting container, yellow painted, red marked with „Schenker". Dangerous for shipping.

Aufgabe 31
Sie empfangen an Bord der Misfitts / DK4555, MMSI 218336780 auf Kanal 70 und 16 folgende Meldung: „Mayday S/Y Speedy / DK4512, MMSI 237366140, auf Position 54-16,7N 010-14,6E, Schiff kentert, es wird dringend Hilfe erbeten." Bestätigen Sie den Notruf und leiten Sie die Nachricht weiter. 071524UTC JUN.

On board of Misfitts / DK4555, MMSI 218336780 you received on VHF CH 70 and 16 as follows: „Mayday S/Y Speedy / DK4512 MMSI 237366140 in Position 54-16,7N 010-14,6E. Ship is about to capzise, require immediate assistance. 071524UTC JUN".

Aufgabe 32
MY Vagabond / DK7428, MMSI 211331740. 5 Seemeilen süd-östlich von Budleigh Salterton. Treibt aufgrund von Maschinenproblemen manövrierunfähig. Schlepphilfe von Sportbooten wird benötigt. 120832UTC MAY.

MV Vagabond / DK7428, MMSI 211331740. 5nm south-easterly of Budleigh Salterton. Drifting due to engine trouble. Towing by a sportsboat is required. 120832UTC MAY.

Aufgabe 33
Der Ruf aus Nr. 32 kann aufgehoben werden, da die Maschinenprobleme selbst behoben werden konnten.

FUNKBETRIEBSZEUGNIS SRC
Zur Vorbereitung auf die theoretische und praktische Prüfung.

Aufgabe 34
S/Y Wave Slider / DF4758, MMSI 218364120. Ein Crewmitglied wurde vom Baum getroffen und blutet stark. Sofortiges Abbergen durch Hubschrauber ist nötig. Position: 57-33,5N 010-56,2E. 281045UTC JUL.

S/Y Wave Slider / DF4758, MMSI 218364120. A crew member was hit by the boom and is powerful bleeding. Immediate assistance by helicopter is required. Position: 57-33,5N 010-56,2E. 281045UTC JUL.

Aufgabe 35
Eine unbekannte Funkstelle stört den laufenden Notverkehr.

Aufgabe 36
Der Ruf aus Nr. 35 kann aufgehoben werden. 281122UTC JUL.

Aufgabe 37
M/Y Witches Caldron / DVBF, MMSI 218347130 befindet sich 7,8 Seemeilen süd-östlich von Kettletoft. Schiff sinkt nach massivem Wassereinbruch nach Kollision mit einem Wal. Das Schiff muss verlassen werden. Sofortige Hilfe wird erbeten. 221515UTC JUN

M/Y Witches Caldron / DVBF, MMSI 218347130. Position: 7,8nm south-easterly of Kettletoft. Due to collision with a whale, ship is sinking after massive flooding. We have to abandon the vessel. Require immediate assistance. 221515UTC JUN

Aufgabe 38
Mastbruch auf der SY Schlickrutscher / DK5789, MMSI 218365780 um 222211UTC JUL. Sie benötigen Hilfe von einem anderen Sportboot bei der Bergung des Mastes. Ihre Position: 4,8 Seemeilen Nord-östlich von Saint-Brieuc.

SY Schlickrutscher / DK5789, MMSI 218365780. Broken mast. You need help by another sportboat for salving the mast. Position: 4,8 nm north-easterly of Saint-Brieuc.

Aufgabe 39
Der Ruf aus Nr. 38 kann aufgehoben werden.

Aufgabe 40
MY Freshman / DF8712, MMSI 211564480 auf Position 47-39,5N 003-10,4W. 231416UTC MAY. Ein Crewmitglied hat sich den Arm gebrochen. Der Arm wurde geschient und die Person ist aktuell stabil. Medizinische Hilfe wird erbeten.

MY Freshman / DF8712, MMSI 211564480 in position 47-39,5N 003-10,4W. 231416UTC MAY. Crewmember with broken arm. Arm has been splinted. Person is acutally stabilized. Medical assistance is required.

Aufgabe 41
Der Ruf aus Nr. 40 kann aufgehoben werden.

FUNKBETRIEBSZEUGNIS SRC
Zur Vorbereitung auf die theoretische und praktische Prüfung.

Aufgabe 42
SY Lobster / DA7896, MMSI 211469780. 041212UTC AUG. Crewmitglied, 54 Jahre alt, Verdacht auf Schlaganfall. Sofortige Hilfe wird erbeten. Position: 45-03N 001-52W.

SY Lobster / DA7896, MMSI 211469780. 041212UTC AUG. A crew member, 54 years old with suspect of apoplectic stroke. Immediate help required. Position: 45-03N 001-52W.

Aufgabe 43
Sie haben an Bord der Peregrin Tuk / DB2345, MMSI 211496380 am/um 231629UTC OCT folgenden Notfall auf Kanal 70 und Kanal 16 erhalten. Bestätigen Sie den Erhalt und leiten Sie weitere Maßnahmen ein:

"Mayday MY Suricate / DKGG, MMSI 2183647850. Position 46-02N 005-58W. Wassereinbruch nach Kollision mit unbekanntem Gegenstand. Schiff sinkt. 6 Personen gehen in die Rettungsinsel."

Mayday MY Suricate / DKGG, MMSI 2183647850. In Position 46-02N 005-58W. Flooding after collision with unknown object. Ship is sinking. 6 Persons are leaving the vessel. Require immediate help. 231629UTC OCT

Aufgabe 44
Am 131943UTC APR haben Sie an Bord der Candy Bar / DH8979, MMSI 211369780 auf Kanal 16 eine Notmeldung erhalten. Bestätigen Sie die Nachricht und leiten Sie weitere Maßnahmen ein.

„Mayday SY Chester Copperpott / DA4365, MMSI 211741960 auf Position 12,3 sm westlich von Ericeira. Feuer an Bord, nicht unter Kontrolle. Sofortige Hilfe erbeten."

Mayday SY Chester Copperpott / DA4365, MMSI 211741960 in position 12,3nm westerly of Ericeira. Fire on bord, not under control. Require immediate help. 131943UTC APR

Aufgabe 45
MS Overcharged / DKWS, MMSI 248364780 hat in schwerer See 6 Seecontainer, gelb, mit grüner Aufschrift "Shit happens" auf Position 36-27N 003-04W verloren. Schiffahrt wird gebeten, scharf Ausschau zu halten und vorsichtig zu manövrieren.

MS Overcharged / DKWS, MMSI 248364780 has lost 6 containers in heavy sea on position 36-27N 003-04W. Cointainers are yellow painted and green marked with "shit happens". Shipping is requested to keep sharp lookout and to navigate with caution.

FUNKBETRIEBSZEUGNIS SRC
Zur Vorbereitung auf die theoretische und praktische Prüfung.

Aufgabe 46
MV Hella von Sinnen / DFKN, MMSI 257147960 auf Position 37-58N 015-44E, ca. 14,9sm östlich von Roccalumera. 230923UTC DEC. Ausfall von Maschinen- und Ruderanlage. Schiff ist manövrierunfähig. Schlepperhilfe wird erbeten.

MV Hella von Sinnen / DFKN, MMSI 257147960 in position 37-58N 015-44E, nearly 14,9nm easterly of Roccalumera. 230923UTC DEC. Due to damaged rudder and engine trouble, vessel is not under command. Require tug assistance.

Aufgabe 47
Der Ruf aus Nr. 46 kann aufgehoben werden.

Aufgabe 48
SY Guantanamera / DB4412, MMSI 238347940 auf Position 7,4 sm nord-östlich von Porto Torres. Kollision mit treibendem, grünem Seecontainer mit Aufschrift „Fatal Error". Schiff sinkt nach Wassereinbruch. 8 Personen verlassen das Schiff. 161616UTC AUG.

SY Guantanamera / DB4412, MMSI 238347940 in position 7,4nm north-easterly of Porto Torres. Collision with drifting green container which is marked with "Fatal Error". Ship is sinking after flooding. 8 persons have to abandon the vessel. 161616UTC AUG.

Aufgabe 49
Die Funkstelle Grumbler stört den laufenden Notverkehr auf Kanal 16.

Aufgabe 50
Die Funkstille aus Aufgabe 48 kann aufgehoben werden. 161824UTC AUG.

Aufgabe 51
An Bord der Breakdown / DF5614, MMSI 211780840 wurde vor 7 Minuten auf Kanal 70 ein Notalarm ausgelöst, obwohl kein Notfall vorliegt.

Aufgabe 52
SY Hoppetosse / DA4478, MMSI 211789840 erkundigt sich bei Ponta Delgada Radio, , MMSI 002045690 nach dem aktuellen Wetterbericht.

Aufgabe 53
Im Zulauf zur Elbe möchten Sie den Not- und Anrufkanal 16 als auch den Arbeitskanal von Cuxhaven Elbe Traffic (UKW/VHF-Kanal 71) hörwachen. Stellen Sie Ihre Funkstelle entsprechend ein

Aufgabe 54
MV Quattro Stagioni / DA3154, MMSI 218568750 meldet kleines Leck nach Kollision mit einem Baumstamm auf Position 40° 15,6N 008° 09,5´W, ca. 11,2sm westlich von Figueira da Foz. Unterstützung bei der Leckabdichtung wird erbeten. 141314UTC JUN.

MS Quattro Stagioni / DA3154, MMSI 218568750 reports a small leak after collision with drifting trunk in position 40° 15,6´N 008° 09,5´W, approximately 11,2nm westerly of Figueira da Foz at 141314UTC JUN. Support for sealing the leak is required.

FUNKBETRIEBSZEUGNIS SRC
Zur Vorbereitung auf die theoretische und praktische Prüfung.

Aufgabe 55
Die SY Papadoupolos / DM3325, MMSI 211469870 befindet sich ca. 1,4sm nördlich der MS Quttro Stagioni. Sie bietet Ihre Hilfe an. Die Geschwindigkeit beträgt 5,5kn. Geschätzte Ankunftszeit in 13 Minuten

SY Papadoupolos / DM3325, MMSI 211469870 is able to help. Position: 1,4nm northerly of MS Quattro Stagioni. Speed: 5,5 knots. Estimated time of arrival: 13 Minutes.

Aufgabe 56
MS Cable Guy / DB2917, MMSI 211413680 ist auf Position 38° 06,9´N 009° 43,1´W (ca. 0,5sm südlich von Boca di Inferno) durch hohe Dünung auf einen Felsen aufgelaufen. Alle Versuche, die Yacht wieder klar zu bekommen sind gescheitert. 132116UTC SEP

MV Cable Guy / DB2917, MMSI 211413680 is aground on a cliff due to high swell. Position: 38° 06,9´N 009° 43,1´W, about a half nautical mile southerly of Boca die Inferno. It wasn´t possible to get ship clear, yet. 132116UTC SEP

Aufgabe 57
Unbekannte Funkstellen stören den laufenden Notverkehr.

Aufgabe 58
Durch den Einsatz des Seenotkreuzers Portoguese konnte die Yacht wieder Seeklar gemacht werden. Mit den aufgetretenen Schäden kann die Cable Guy Ihre Fahrt zum nächsten Hafen um 132356UTC SEP selbständig antreten.

FUNKBETRIEBSZEUGNIS SRC
Zur Vorbereitung auf die theoretische und praktische Prüfung.

Übungs-Fragebogen 1

1. „Mobiler Seefunkdienst" ist mobiler Funkdienst ...
    a. zwischen tragbaren Funkstellen an Bord eines Seefahrzeuges
    b. ausschließlich zwischen Seefunkstellen
    c. zwischen Funkstellen, für die keine Zuteilung (Ship Station Licence) notwendig ist
    d. zwischen Küstenfunkstellen und Seefunkstellen bzw. zwischen Seefunkstellen untereinander

2. Was regelt die Vollzugsordnung für den Funkdienst (VO Funk, engl. Radio Regulations [RR])?
    a. Die Vollzugsordnung für den Funkdienst (RR) regelt u. a. die Zuweisung von Frequenzbereichen an die Funkdienste und die Betriebsverfahren im Seefunkdienst
    b. Die Vollzugsordnung für den Funkdienst (RR) regelt die Ausrüstung von Seeschiffen bezüglich der Funkeinrichtung
    c. Die Vollzugsordnung für den Funkdienst (RR) regelt den freien Funkverkehr zwischen den Seefahrt betreibenden Nationen
    d. Die Vollzugsordnung für den Funkdienst (RR) regelt die Benutzung von Radaranlagen auf Seeschiffen auf See und in Häfen

3. Welche Bedeutung hat die Zeitangabe „LT" (Local Time)?
    a. Zeitzone entsprechend der geografischen Breite des Schiffsortes
    b. Ortszeit, bezogen auf den Standort des Schiffes
    c. Zeit, die bei Funkaussendungen in einem bestimmten Seegebiet zu verwenden ist
    d. Zeit, die automatisch durch ein an die Funkanlage angeschlossenes GPS-Gerät übermittelt wird

4. Was ist eine „Seefunkstelle"?
    a. Typgeprüfte Funkstelle, die kein ATIS-Signal aussendet
    b. Seefunkgerät samt Antenne, das im UKW- bzw. Grenz- und Kurzwellenbereich betrieben wird
    c. Funkstelle des mobilen Seefunkdienstes an Bord eines nicht dauernd verankerten Seefahrzeuges
    d. Funkstelle, die am GMDSS teilnehmen darf

5. Welche Behörde teilt einer in das Seeschiffsregister eingetragenen Yacht das mindestens vierstellige Unterscheidungssignal zu?
    a. Wasser- und Schifffahrtsverwaltung (WSV)
    b. Bundesnetzagentur (BNetzA)
    c. Bundesamt für Seeschifffahrt und Hydrographie (BSH)
    d. Seeschiffsregister des zuständigen Amtsgerichts

6. Welche Nachrichten dürfen uneingeschränkt aufgenommen und verbreitet werden?
    a. Aussendungen, die „An alle Funkstellen" gerichtet sind
    b. Aussendungen, die von allgemeinem Interesse sind
    c. Aussendungen im öffentlichen Seefunkdienst
    d. Aussendungen im Seefunkdienst dürfen uneingeschränkt aufgenommen und verbreitet werden

7. Welcher UKW-Kanal wird im Weltweiten Seenot- und Sicherheitsfunksystem (GMDSS) für die digitale Ankündigung einer Dringlichkeitsmeldung benutzt?
    a. Kanal 16
    b. Kanal 10
    c. Kanal 06
    d. Kanal 70

8. Wie setzt sich die Küstenfunkstellen-Rufnummer (MMSI) zusammen?
    a. Neun Ziffern, die ersten drei Ziffern enthalten die Seefunkkennzahl (MID)
    b. Neun Ziffern, die ersten beiden Ziffern Nullen, die nächsten drei Ziffern enthalten die Seefunkkennzahl (MID)
    c. Geografischer Ortsname der Küstenfunkstelle, gefolgt von drei Ziffern, die die Seefunkkennzahl (MID) bilden
    d. Internationale Telefon-Vorwahlnummer des Landes, in dem sich die Küstenfunkstelle befindet, gefolgt von fünf besonders festgelegten Ziffern

9. Wie wird der Frequenzbereich von 30 bis 300 MHz bezeichnet?

a. Langwelle (LW/LF)	b. Mittelwelle (MW/MF)
c. Kurzwelle (KW/HF)	d. Ultrakurzwelle (UKW/VHF)

FUNKBETRIEBSZEUGNIS SRC
Zur Vorbereitung auf die theoretische und praktische Prüfung.

---

10. Wie breiten sich Ultrakurzwellen (UKW/VHF) aus?
    a. Abhängig von der Tageszeit
    b. Der Erdkrümmung folgend bis weit hinter den Horizont
    c. Geradlinig und quasioptisch
    d. In der Ionosphäre reflektiert

11. Welche Vorkommnisse im Seefunkdienst sollen im Schiffstagebuch dokumentiert werden?
    a. Der Not-, Dringlichkeits- und Sicherheitsverkehr sowie der Routineverkehr zwischen Seefunkstellen und Küstenfunkstellen
    b. Der Not-, Dringlichkeits- und Sicherheitsverkehr sowie wichtige Vorkommnisse, die den Seefunkdienst betreffen
    c. Der gesamte DSC-Verkehr sowie wichtige Vorkommnisse, die den Seefunkdienst betreffen
    d. Der GMDSS-Verkehr zwischen Seefunkstellen sowie Fehlalarme und andere wichtige Vorkommnisse, die den Seefunkdienst betreffen

12. Was zeigt das Dringlichkeitszeichen an?
    a. Die rufende Funkstelle hat eine sehr dringende Meldung auszusenden, welche die Sicherheit einer mobilen Einheit oder einer Person betrifft
    b. Die rufende Funkstelle hat eine Meldung auszusenden, dass ein Schiff von einer ernsten und unmittelbaren Gefahr bedroht ist und sofortige Hilfe benötigt
    c. Die rufende Funkstelle hat eine eilige Meldung auszusenden, die eine nautische Warnnachricht zum Inhalt hat
    d. Die rufende Funkstelle hat eine wichtige Meldung auszusenden, welche den Empfang einer Seenotfunkbake (EPIRB) bestätigt

13. Welche Meldung wird mit SECURITE eingeleitet?
    a. Notmeldung
    b. Sicherheitsmeldung
    c. Dringlichkeitsmeldung
    d. Routinemeldung

14. Der UKW-Kanal 70 dient ausschließlich dem Zweck der Aussendung ...
    a. von Peilzeichen
    b. von Positionsmeldungen
    c. von Küstenfunkstellen
    d. des Digitalen Selektivrufs

FUNKBETRIEBSZEUGNIS SRC
Zur Vorbereitung auf die theoretische und praktische Prüfung.

15. Was bedeutet „NAVTEX"?
    a. Nautische Warnnachrichten im Funktelexverfahren
    b. Navigationssystem, das Vorgaben im Funktelexverfahren erhält
    c. MW-Empfänger an Bord eines Seeschiffes zur Aufzeichnung von Wetterberichten
    d. Satellitengestütztes Navigationssystem für den Seenotfall

16. Welche Aufgabe hat ein „MRCC" im Seenotfall?
    a. Bereithaltung von Rettungsfahrzeugen im Seenotfall
    b. Erarbeitung von Richtlinien für das Verhalten im Seenotfall
    c. Koordinierung der im Seenotfall zur Verfügung stehenden Kräfte
    d. Erteilung von Ratschlägen an den Havaristen

17. Wann liegt ein Seenotfall vor, der das Aussenden des Notzeichens im Sprechfunk rechtfertigt?
    a. Wenn ein Schiff manövrierbehindert ist und Hilfe benötigt
    b. Wenn eine nautische Warnnachricht vorliegt, die unbedingt beachtet werden muss
    c. Wenn ein Schiff oder eine Person von einer ernsten und unmittelbaren Gefahr bedroht ist und sofortige Hilfe benötigt
    d. Wenn ein medizinischer Notfall vorliegt, der unmittelbare funkärztliche Beratung erfordert

18. Wer fordert in einem Seenotfall eine störende Funkstelle mit den Wörtern SILENCE MAYDAY zur Einhaltung der Funkstille auf?
    a. Die Funkstelle in Not oder eine Hilfe leistende Luftfunkstelle
    b. Die Funkstelle, die den Notverkehr leitet
    c. Die Funkstelle, die die störende Funkstelle als erste empfangen hat
    d. Die Funkstelle, die der störenden Funkstelle nächstgelegen ist

19. Auf welchen UKW-Kanälen ist Bremen Rescue Radio empfangsbereit?
    a. Kanal 16 (Sprechfunk), Kanal 70 (DSC)
    b. Kanal 10 (Sprechfunk), Kanal 70 (DSC)
    c. Kanal 16 (Sprechfunk), Kanal 10 (DSC)
    d. Kanal 06 (Sprechfunk), Kanal 70 (DSC)

FUNKBETRIEBSZEUGNIS SRC
Zur Vorbereitung auf die theoretische und praktische Prüfung.

---

20. Wodurch werden in der Regel bei einer Rettungsaktion mit SAR Hubschraubern die Kanäle 16 und 06 überwacht?
    a. Zwei unabhängige Seefunkgeräte
    b. Zweikanal-Überwachung (Dual Watch)
    c. Regelmäßiges manuelles Umschalten
    d. Bedarfsweises manuelles Umschalten

21. Wie ist zu verfahren, wenn während eines Notverkehrs auf Kanal 16 die Ankündigung einer Dringlichkeits- oder Sicherheitsmeldung „An alle Funkstellen" vorgenommen werden soll?
    a. Ankündigung auf Kanal 06, Information an die Küstenfunkstelle/RCC über den Inhalt der Meldung auf einem Arbeitskanal
    b. Ankündigung mittels Digitalen Selektivrufs (DSC) auf Kanal 70, Information „An alle Funkstellen" über den Inhalt der Meldung auf Kanal 16
    c. Ankündigung auf Kanal 16 während einer Pause im Notverkehr, Aussendung auf einem Schiff-Schiff-Kanal
    d. Ankündigung mittels Digitalen Selektivrufs (DSC) auf Kanal 70, Ankündigung während einer Pause im Notverkehr auf Kanal 16, Aussendung der Meldung auf einem Schiff-Schiff-Kanal

22. Welche Informationen enthält die Aussendung einer Satelliten-Seenotfunkbake (EPIRB)?
    a. Notsignal, Schiffstyp, Art des Notfalls
    b. Position mittels GPS, wenn vorhanden, Identifikationsmerkmal, Zielhafen
    c. Art des Notfalls, Position mittels GPS, wenn vorhanden, Rufzeichen
    d. Notsignal, Identifikationsmerkmal, Position mittels GPS, wenn vorhanden

23. Zu welchem Zweck benutzen Satelliten-Seenotfunkbaken (EPIRB) die Frequenzen 121,5 MHz und 406 MHz?
    a. 121,5 MHz zur Zielfahrt (Homing), 406 MHz zur Kommunikation
    b. 121,5 MHz zur Zielfahrt (Homing), 406 MHz zur Alarmierung und Positionsbestimmung
    c. 121,5 MHz zur Identifikation, 406 MHz zur Zielfahrt (Homing)
    d. 121,5 MHz zur Kommunikation, 406 MHz zur Alarmierung und Positionsbestimmung

FUNKBETRIEBSZEUGNIS SRC
Zur Vorbereitung auf die theoretische und praktische Prüfung.

24. Welche Funktion hat ein Transponder für Suche und Rettung (Search and Rescue Transponder [SART])?

    a. Aussendung von Ortungsfunksignalen, die im Seenotfall das Auffinden des verunglückten Fahrzeuges mittels Radar erleichtern sollen

    b. Automatische Aussendung der Notposition über UKW an Küsten- bzw. Schiffsfunkstellen

    c. Automatische Übermittlung der Position des in Not befindlichen Fahrzeuges über die COSPAS-SARSAT-Satelliten

    d. Reflexion von Radarstrahlen und Erzeugung eines deutlichen Echos auf Radarbildschirmen

FUNKBETRIEBSZEUGNIS SRC
Zur Vorbereitung auf die theoretische und praktische Prüfung.

Übungs-Fragebogen 2

1. Zu welchem Zweck wurde das Weltweite Seenot- und Sicherheitsfunksystem (GMDSS) eingeführt?

    a. Schnelle und genaue Alarmierung in Not-, Dringlichkeits- und Sicherheitsfällen

    b. Schnelle Alarmierung nur in Notfällen

    c. Schnelle und genaue Alarmierung in Not- und Dringlichkeitsfällen

    d. Schnelle und genaue Alarmierung in Not- und Sicherheitsfällen

2. Was bedeutet „öffentlicher Funkverkehr"?

    a. Funkverkehr, der im Gegensatz zum Nichtöffentlichen Funkverkehr unverschlüsselt abgewickelt wird

    b. Funkverkehr, der der Allgemeinheit zum Austausch von Nachrichten dient

    c. Funkverkehr, der von jeder Seefunkstelle abgehört werden muss

    d. Funkverkehr, der nicht dem Fernmeldegeheimnis und dem Abhörverbot unterliegt

3. Eine Yacht befindet sich in einem Seegebiet, das von der Sprechfunkreichweite einer UKW-Küstenfunkstelle abgedeckt wird, die ununterbrochen für DSC-Alarmierungen zur Verfügung steht. In welchem Seegebiet befindet sich das Fahrzeug?

    a. Seegebiet A2

    b. Seegebiet A3

    c. Seegebiet A1

    d. Seegebiet A4

4. Welche Funkanlagen darf der Inhaber eines Beschränkt Gültigen Funkbetriebszeugnisses (Short Range Certificate [SRC]) bedienen?

    a. UKW-Funkanlagen für See- und Luftfunkstellen

    b. UKW-Funkanlagen auf Sportbooten im Seefunkdienst und Binnenschifffahrtsfunk

    c. UKW-Funkanlagen im Seefunkdienst auf nicht funkausrüstungspflichtigen Fahrzeugen und auf Traditionsschiffen

    d. UKW-Funkanlagen auf funkausrüstungspflichtigen und nicht funkausrüstungspflichtigen Seeschiffen

FUNKBETRIEBSZEUGNIS SRC
Zur Vorbereitung auf die theoretische und praktische Prüfung.

---

5. Das Abhörverbot und das Fernmeldegeheimnis sind geregelt...
    a. in der Vollzugsordnung für den Funkdienst (VO Funk)/in den Radio Regulations (RR)
    b. in der Schiffssicherheitsverordnung (SchSV)
    c. im Gesetz über Funkanlagen und Telekommunikationseinrichtungen (FTEG)
    d. im Telekommunikationsgesetz (TKG)

6. Wozu dient am UKW-Gerät die Rauschsperre (Squelch)?
    a. Das Rauschen kann stufenlos auf einen angenehmen Wert eingestellt werden
    b. Der Lautsprecher des Empfängers wird nur ab einem Mindest-Empfangssignalpegel aktiviert
    c. Die Rauschsperre verbessert die Wiedergabe von schwachen Empfangssignalen
    d. Der Lautsprecher des Empfängers wird nur beim Empfang von Notsignalen aktiviert

7. Was bedeutet „DSC" im mobilen Seefunkdienst?
    a. Funküberwachung auf zwei Funkkanälen (Dual Watch)
    b. Gegensprechen auf zwei Frequenzen im Gegensatz zu Wechselsprechen auf einer Frequenz
    c. Digitales System für die Telekommunikation an Bord
    d. Digitaler Selektivruf

8. Was wird als „Maritime Mobile Service Identity (MMSI)" bezeichnet?
    a. Rufnummer im Seefunkdienst
    b. Maritimes Informationssystem
    c. Landeskennung einer Seefunkstelle (z.B. 211)
    d. Aussendung, die die Sicherheit der Schifffahrt betrifft

9. Was kennzeichnet die Betriebsart „Duplex"?
    a. Wechselsprechen auf einer Frequenz
    b. Gegensprechen auf einer Frequenz
    c. Gegensprechen auf zwei Frequenzen
    d. Wechselsprechen auf zwei Frequenzen

10. Wie sollen UKW-Antennen ausgerichtet werden?
    a. Horizontal
    b. Radial
    c. Diagonal
    d. Vertikal

FUNKBETRIEBSZEUGNIS SRC
Zur Vorbereitung auf die theoretische und praktische Prüfung.

---

11. Welche Funkstelle wird mit dem Rufnamen „Warnemünde Traffic" gerufen?
    a. Wasserschutzpolizei Warnemünde
    b. Küstenfunkstelle des Revierfunkdienstes in Warnemünde
    c. Seefunkstelle der DGzRS-Station Warnemünde
    d. Funkstelle des Hafenmeisters der Marina in Warnemünde

12. Was bedeutet im DSC-Controller die Anzeige „URGENCY"?
    a. Die nachfolgende Meldung ist dringend und betrifft die Sicherheit einer mobilen Einheit oder einer Person
    b. Die nachfolgende Meldung ist eine Notmeldung und die Seefunkstelle erbittet sofortige Hilfe
    c. Die nachfolgende Meldung ist dringend und die Seefunkstelle erbittet nautische Beratung
    d. Die nachfolgende Meldung ist eine Wetterwarnung und betrifft die Sicherheit der Schifffahrt

13. Was ist bei Testsendungen im Sprech-Seefunkdienst zu beachten?
    a. Die Aussendungen dürfen 20 Sekunden nicht überschreiten und müssen mit einer Kennung des Schiffes ausgestrahlt werden
    b. Die Aussendungen dürfen nur einmal nach Einbau des Gerätes ohne Antenne erfolgen und müssen mit dem Wort „Test" gekennzeichnet werden
    c. Die Aussendungen dürfen 10 Sekunden nicht überschreiten, müssen mit dem Wort „Test" und mit einer Kennung des Schiffes ausgestrahlt werden
    d. Die Aussendungen dürfen nur außerhalb der Hoheitsgewässer erfolgen

14. Auf welchem UKW-Kanal muss ein Sportfahrzeug empfangsbereit sein, wenn es sich auf See befindet und mit einer GMDSS-Seefunkanlage ausgerüstet ist?
    a. Kanal 16
    b. Kanal 69
    c. Kanal 72
    d. Kanal 70

15. Welchen Dienst bieten der Deutsche Wetterdienst (DWD) und das Bundesamt für Seeschifffahrt und Hydrographie (BSH) auf den Frequenzen 518 kHz und 490 kHz gemeinsam an?
    a. SafetyNET
    b. TELEX
    c. NAVTEX
    d. AMVER

16. Was bezeichnet „SAR"?
    a. Suche und Rettung
    b. Seenotfunkbake
    c. Sanitätsdienst
    d. Radartransponder

17. Welche Frequenzen dürfen neben den Notfrequenzen für die Aussendung einer Notmeldung im Seefunkdienst benutzt werden?
    a. UKW Kanal 06 (internationaler Verkehr)
    b. Jede andere verfügbare und geeignete Frequenz
    c. Keine andere Frequenz
    d. Nur Schiff-Schiff-Frequenzen

18. Wann darf eine Seefunkstelle, wenn sie Hilfe leisten kann, den Empfang eines DSC-Notalarms auf UKW im Sprechfunkverfahren bestätigen?
    a. Sofort nach Empfang des DSC-Notalarms
    b. Nach einer Wartefrist von 3 Minuten
    c. DSC-Notalarme dürfen grundsätzlich nur von Küstenfunkstellen bestätigt werden
    d. Nach Bestätigung durch eine Küstenfunkstelle oder einer angemessenen Wartefrist

19. In welchem Frequenzbereich kann mit SAR-Einheiten Seefunkverkehr abgewickelt werden?
    a. UKW-Bereich
    b. UHF-Bereich
    c. MW-Bereich
    c. VLF-Bereich

20. Wie ist zu verfahren, wenn während eines Notverkehrs auf Kanal 16 die Ankündigung einer Dringlichkeits- oder Sicherheitsmeldung „An alle Funkstellen" vorgenommen werden soll?
    a. Ankündigung auf Kanal 06, Information an die Küstenfunkstelle/RCC über den Inhalt der Meldung auf einem Arbeitskanal
    b. Ankündigung mittels Digitalen Selektivrufs (DSC) auf Kanal 70, Information „An alle Funkstellen" über den Inhalt der Meldung auf Kanal 16
    c. Ankündigung mittels Digitalen Selektivrufs (DSC) auf Kanal 70, Ankündigung während einer Pause im Notverkehr auf Kanal 16, Aussendung der Meldung auf einem Schiff-Schiff-Kanal
    d. Ankündigung auf Kanal 16 während einer Pause im Notverkehr, Aussendung auf einem Schiff-Schiff-Kanal

FUNKBETRIEBSZEUGNIS SRC
Zur Vorbereitung auf die theoretische und praktische Prüfung.

---

21. Wo soll eine Satelliten-Seenotfunkbake (EPIRB) an Bord eines Sportbootes installiert werden?
    a. Im äußeren Decksbereich
    b. In der Backskiste
    c. In mindestens 1 m Entfernung von Metallteilen
    d. Geschützt unter Deck

22. Wie lange kann es unter ungünstigen Bedingungen von der Aktivierung einer COSPAS-SARSAT-Satelliten-Seenotfunkbake ohne GPS bis zum Empfang der Position im MRCC dauern?
    a. Bis zu 8 Stunden
    b. Bis zu 12 Stunden
    c. Bis zu einem Tag
    d. Bis zu 4 Stunden

23. Welches Navigationsgerät empfängt das Signal eines aktivierten Transponders für Suche und Rettung (SART)?
    a. GPS-Empfänger
    b. Radargerät
    c. DSC-Controller
    d. NAVTEX-Gerät

24. Welchen Vorteil hat eine UKW-Seefunkanlage gegenüber einem Mobiltelefon, wenn in einer Notsituation andere Fahrzeuge in Sicht sind und um Hilfe gebeten werden sollen?
    a. Erreichbarkeit aller Seefunkstellen im Seegebiet A1
    b. Erreichbarkeit aller in Funkreichweite befindlichen Seefunkstellen
    c. Erreichbarkeit aller Rettungsfahrzeuge in Küstennähe
    d. Erreichbarkeit aller Seefunkstellen in den Seegebieten A1 und A2

FUNKBETRIEBSZEUGNIS SRC
Zur Vorbereitung auf die theoretische und praktische Prüfung.

Übungs-Fragebogen 3

1. Welche Funktion hat das „GMDSS" (Global Maritime Distress and Safety System)?
    a. Koordinierung der Alarmierung von Seefunkstellen im Seenotfall
    b. Positionsbestimmung des Havaristen durch geostationäre Satelliten
    c. Hilfe in Seenotfällen und Sicherung der Schifffahrt durch schnelle und genaue Alarmierung im Seenotfall
    d. Störungsfreier Funkverkehr im Seenotfall

2. Welche Aufgaben hat die Internationale Fernmeldeunion (International Telecommunication Union [ITU])?
    a. Die Internationale Fernmeldeunion (ITU) legt für alle Nationen der UN, die weltweit Seeschifffahrt betreiben, die Mindeststandards hinsichtlich der Funkausrüstung von Seeschiffen fest
    b. Die Internationale Fernmeldeunion (ITU) legt die grundlegenden Regelungen für die internationale Telekommunikation fest
    c. Die Internationale Fernmeldeunion (ITU) führt als internationale Verkehrsbehörde weltweit die Überwachung des Funkverkehrs durch
    d. Die Internationale Fernmeldeunion (ITU) rechnet die Gebühren von weltweiten Seefunkgesprächen ab

3. Wodurch erfährt eine Seefunkstelle von einer Küstenfunkstelle, dass dort Nachrichten für sie vorliegen?
    a. Individuelle Benachrichtigung durch die Abrechnungsgesellschaft
    b. Individuelle Benachrichtigung mittels SMS oder E-Mail
    c. Öffentliche Benachrichtigung mittels NAVTEX
    d. Individuelle Benachrichtigung oder Abhören von Sammelanrufen

4. Welches Funkzeugnis ist auf einem mit einer Seefunkanlage ausgerüsteten Sportfahrzeug unter deutscher Flagge für den Schiffsführer vorgeschrieben?
    a. Ein Funkzeugnis, das zum Bedienen der eingebauten Anlage berechtigt, z. B. SRC oder LRC
    b. Ein SRC bis zur Grenze der Hoheitsgewässer, darüber hinaus ein LRC
    c. Keines, es genügt, wenn eine Person an Bord ist, die die Funkanlage bedienen darf
    d. Für die Bedienung einer Grenz-/Kurzwellenanlage ist das LRC vorgeschrieben, für die Bedienung einer UKW-Anlage zusätzlich das SRC

FUNKBETRIEBSZEUGNIS SRC
Zur Vorbereitung auf die theoretische und praktische Prüfung.

5. Was ist beim Kauf eines UKW-Sprechfunkgeräts für den Seefunkdienst oder eines UKW-GMDSS-Funkgeräts zu beachten?

    a. Das Funkgerät muss funktionsfähig und TÜV-geprüft sein

    b. Das Funkgerät muss eine NAVTEX-Schnittstelle aufweisen oder Wetterberichte empfangen können

    c. Das Funkgerät muss von der Dienststelle Schiffssicherheit der Berufsgenossenschaft Verkehrswirtschaft Post-Logistik Telekommunikation (BG Verkehr) für Sportboote zugelassen sein

    d. Das Funkgerät muss für den Seefunkdienst zugelassen oder in Verkehr gebracht worden sein

6. Das Seefunkgerät nimmt bei Empfang einen Strom von 0,5 Ampere auf. Wie lange kann das Funkgerät im Empfangsbetrieb an einer Batterie ohne Nachladen überschlägig betrieben werden, wenn die Kapazität 60 Amperestunden beträgt?

    a. 120 Stunden

    b. 30 Stunden

    c. 60 Stunden

    d. 90 Stunden

7. Welcher Unterschied besteht in der Reichweite bei analoger (Sprechfunk) und bei digitaler Übertragung (DSC) im UKW-Seefunkbereich?

    a. Bei digitaler Übertragung besteht kein Unterschied im Vergleich zur analogen Übertragung

    b. Bei digitaler Übertragung vierfache Reichweite im Vergleich zur analogen Übertragung

    c. Bei digitaler Übertragung deutlich größere Reichweite im Vergleich zur analogen Übertragung

    d. Bei digitaler Übertragung kürzere Reichweite im Vergleich zur analogen Übertragung

8. Welche Art von Funkstelle des Seefunkdienstes kennzeichnet die Ziffernfolge 002111240?

    a. Deutsche Seefunkstelle

    b. Deutsches SAR-Fahrzeug

    c. Deutsche Küstenfunkstelle

    d. Deutsche EPIRB

FUNKBETRIEBSZEUGNIS SRC
Zur Vorbereitung auf die theoretische und praktische Prüfung.

9. Für welchen Funkverkehr dürfen die UKW-Kanäle 75 und 76 benutzt werden?
   a. Funkverkehr, der ausschließlich die Navigation betrifft
   b. Funkverkehr, der ausschließlich See-Land-Verbindungen betrifft
   c. Funkverkehr unter Behördenfahrzeugen
   d. Funkverkehr, der ausschließlich Land-See-Verbindungen betrifft

10. Wovon hängt die Reichweite einer UKW-Funkanlage hauptsächlich ab?
    a. Bordnetzspannung
    b. Antennenhöhe
    c. Tageszeit
    d. Wetter

11. Welchem Funkverkehr ist der Nachrichtenaustausch zwischen Küstenfunkstellen des Revier- und Hafenfunkdienstes und Seefunkstellen zuzuordnen?
    a. On Board Traffic
    b. Port Radio
    c. Öffentlicher Funkverkehr
    d. Nichtöffentlicher Funkverkehr

12. Wie ist im GMDSS zu verfahren, wenn eine dringende Meldung im UKW-Bereich auszusenden ist, welche die Sicherheit einer Person betrifft?
    a. Ankündigung und Aussendung der Dringlichkeitsmeldung im Sprechfunk auf Kanal 16
    b. Ankündigung im Sprechfunk auf Kanal 16 und Aussendung der Dringlichkeitsmeldung auf einem Schiff-Schiff-Kanal
    c. Ankündigung per Digitalen Selektivruf (DSC) auf Kanal 70 und Aussendung der Dringlichkeitsmeldung im Sprechfunk auf Kanal 16
    d. Ankündigung per Digitalem Selektivruf (DSC) auf Kanal 70 und Aussendung der Dringlichkeitsmeldung auf einem Schiff-Schiff-Kanal

13. Wie lautet das Sicherheitszeichen im Seefunkdienst?
    a. SECURITE
    b. URGENCY
    c. PAN PAN
    d. MAYDAY

FUNKBETRIEBSZEUGNIS SRC
Zur Vorbereitung auf die theoretische und praktische Prüfung.

---

14. Welcher UKW-Kanal ist vorzugsweise für den Schiff-Schiff-Verkehr und für koordinierte Such- und Rettungseinsätze (SAR) vorgesehen?

    a. Kanal 10   b. Kanal 06
    c. Kanal 16   d. Kanal 72

15. In welcher Sprache werden Nachrichten für die Sicherheit der Seeschifffahrt (MSI) im NAVTEX-Dienst auf 490 kHz verbreitet?

    a. Englisch
    b. Niederländisch
    c. Französisch
    d. Landessprache der Funkstelle

16. Welche Aufgabe hat der „On-Scene Co-ordinator" (OSC) im SAR-Fall?

    a. Leitung der Such- und Rettungsmaßnahmen vor Ort
    b. Kooperation mit der nächstgelegenen Küstenfunkstelle des Revierfunkdienstes
    c. Festlegung der DSC-Kanäle zur Verständigung der SAR-Einheiten
    d. Verbreitung wichtiger SAR-Meldungen rund um die Uhr

17. Wie lautet das Notzeichen im Sprechfunk?

    a. PAN PAN   b. DISTRESS
    c. MAYDAY   d. SOS

18. An wen soll eine Seefunkstelle den Notalarm für ein anderes in Not befindliches Schiff richten?

    a. Grundsätzlich an die nächstgelegene Küstenfunkstelle oder sonst an alle Funkstellen
    b. Grundsätzlich an alle Seefunkstellen in der Nähe
    c. Grundsätzlich an das Maritime Lagezentrum beim Havariekommando
    d. Grundsätzlich an ein Local User Terminal oder sonst an alle Seefunkstellen

19. Wer fordert in einem Seenotfall eine störende Funkstelle mit den Wörtern SILENCE MAYDAY zur Einhaltung der Funkstille auf?

    a. Die Funkstelle in Not oder eine Hilfe leistende Luftfunkstelle
    b. Die Funkstelle, die den Notverkehr leitet
    c. Die Funkstelle, die die störende Funkstelle als erste empfangen hat
    d. Die Funkstelle, die der störenden Funkstelle nächstgelegen ist

FUNKBETRIEBSZEUGNIS SRC
Zur Vorbereitung auf die theoretische und praktische Prüfung.

20. Im Funkverkehr zwischen Seefunkstellen und SAR-Hubschraubern gilt das Betriebs-verfahren...

a. des Flugfunkdienstes
b. des Seefunkdienstes
c. der Rettungsdienste
d. des Binnenschifffahrtsfunks

21. Was ist zu tun, wenn irrtümlich von einer Seefunkstelle ein Notalarm auf Kanal 70 ausgelöst worden ist?

a. Gerät umgehend zurücksetzen, wenn möglich, den Fehlalarm per DSC zurücknehmen, mit Meldung auf Kanal 16 „An alle Funkstellen" den Fehlalarm zurücknehmen
b. Gerät ausschalten, um weitere Sendungen zu verhindern, Eintragung der irrtümlichen Aussendung im Schiffstagebuch, zuständiges MRCC telefonisch informieren
c. Ankündigung der Rücknahme des Notalarms mit DSC, mit Meldung auf Kanal 16 „An alle Funkstellen" den Fehlalarm zurücknehmen, Schiffsführer informieren
d. Gerät umgehend zurücksetzen, Ankündigung der Rücknahme des Notalarms mit DSC, mit Meldung auf Kanal 13 „An alle Funkstellen" den Fehlalarm zurücknehmen

22. Womit können im Notfall nach dem Verlassen des havarierten Schiffes keine Such- und Rettungsarbeiten ausgelöst bzw. erleichtert werden?

a. Transponder für Suche und Rettung (SART)
b. UKW-Empfänger
c. Seenotfunkbake (EPIRB)
d. Handsprechfunkgeräte

23. Welche Prüfungen sind an einer Satelliten-Seenotfunkbake (EPIRB) durchzuführen?

a. Haltbarkeitsdatum der Batterie, Haltbarkeitsdatum des Wasserdruckauslösers, Befestigung am Schiffskörper
b. Funktion entsprechend den Herstellerangaben, Haltbarkeitsdatum der Batterie, Festigkeit der Sicherheitsleine
c. Haltbarkeitsdatum der Batterie, Haltbarkeitsdatum des Wasserdruckauslösers, Funktion entsprechend den Herstellerangaben
d. Haltbarkeitsdatum des Wasserdruckauslösers, Lesbarkeit der Beschriftung, Kontakte der Batterien

FUNKBETRIEBSZEUGNIS SRC
Zur Vorbereitung auf die theoretische und praktische Prüfung.

24. Welche Funktion hat eine Satelliten-Seenotfunkbake (Emergency Position-Indicating Radio Beacon [EPIRB])?

    a. Kommunikation im VHF-Band zwischen Überlebensfahrzeug und SAR- Fahrzeugen bzw. dem MRCC

    b. Aussendung einer Notmeldung auf den Notfrequenzen der Luftfahrt (121,5 MHz bzw. 243 MHz), die von den Luftfahrzeugen bestätigt wird

    c. Alarmierung und Kennzeichnung der Notposition

    d. Ermöglichen der Ortung mittels Radar und Erleichterung des Auffindens des Havaristen

FUNKBETRIEBSZEUGNIS SRC
Zur Vorbereitung auf die theoretische und praktische Prüfung.

Übungs-Fragebogen 4

1. Was regelt die Vollzugsordnung für den Funkdienst (VO Funk, engl. Radio Regulations [RR])?
    a. Die Vollzugsordnung für den Funkdienst (RR) regelt die Ausrüstung von Seeschiffen bezüglich der Funkeinrichtung
    b. Die Vollzugsordnung für den Funkdienst (RR) regelt u. a. die Zuweisung von Frequenzbereichen an die Funkdienste und die Betriebsverfahren im Seefunkdienst
    c. Die Vollzugsordnung für den Funkdienst (RR) regelt den freien Funkverkehr zwischen den Seefahrt betreibenden Nationen
    d. Die Vollzugsordnung für den Funkdienst (RR) regelt die Benutzung von Radaranlagen auf Seeschiffen auf See und in Häfen

2. Für die Teilnahme am öffentlichen Funkverkehr ist – im Gegensatz zur Teilnahme am Nicht-öffentlichen Funkverkehr – zusätzlich erforderlich ...
    a. Besitz eines Seefunkzeugnisses
    b. Zulassung des Funkgeräts
    c. Vertrag mit einer Abrechnungsgesellschaft
    d. Zuteilung (Ship Station Licence)

3. Welches sind die satellitengestützten Alarmierungssysteme im Weltweiten Seenot- und Sicherheitsfunksystem (GMDSS)?
    a. COSPAS-SARSAT, Inmarsat
    b. Eutelsat, Globalstar
    c. EPIRB, AIS
    d. DSC, COSPAS-SARSAT

4. Welche rechtlichen Voraussetzungen sind für den Betrieb einer Seefunkstelle auf einem Sportfahrzeug und einem Traditionsschiff zu erfüllen?
    a. Zuteilung (Ship Station Licence), ausreichendes Seefunkzeugnis und Sportbootführerschein des Fahrzeugführers
    b. Zuteilung (Ship Station Licence), für den Seefunkdienst zugelassene oder in Verkehr gebrachte Funkgeräte, ausreichendes Seefunkzeugnis des Fahrzeugführers
    c. Zuteilung (Ship Station Licence), ausreichendes Seefunkzeugnis einer Person an Bord
    d. Zuteilung (Ship Station Licence), für den Seefunkdienst zugelassene oder in Verkehr gebrachte Funkgeräte, Sportbootführerschein

FUNKBETRIEBSZEUGNIS SRC
Zur Vorbereitung auf die theoretische und praktische Prüfung.

5. Welche Sendeleistungen lassen sich bei einer fest installierten UKW-Seefunkanlage schalten?
- a. 25 Watt oder maximal 50 Watt
- b. 1 Watt oder maximal 25 Watt
- c. 0,1 Watt oder maximal 2,5 Watt
- d. 1 Watt oder maximal 12 Watt

6. Wenn ein Funkgerät ordnungsgemäß in Verkehr gebracht worden ist, trägt es...
- a. eine Seriennummer
- b. das GS-Prüfzeichen
- c. das VDE-Prüfzeichen
- d. das CE-Zeichen

7. Was ist ein „Digitaler Selektivruf"?
- a. Aussendung eines digitalen Anrufs auf Kanal 16
- b. Funkaussendung an eine ausgewählte Funkstelle
- c. Digitale Aussendung, die bei der gerufenen Funkstelle ein optisches und/oder akustisches Signal auslöst
- d. Funkverkehr im GMDSS auf den dafür vorgesehenen Kanälen

8. Der mit einem DSC-Gerät aufgenommene Notalarm wird...
- a. manuell gespeichert
- b. gespeichert, wenn im Speicher noch genügend Platz ist
- c. nicht gespeichert, sondern ausgedruckt
- d. automatisch gespeichert

9. Was kennzeichnet die Betriebsart „Simplex"?
- a. Gegensprechen auf einer Frequenz
- b. Wechselsprechen auf einer Frequenz
- c. Wechselsprechen auf zwei Frequenzen
- d. Gegensprechen auf zwei Frequenzen

10. Ist das Senden auf UKW in ausländischen Häfen gestattet?
- a. Abhängig von entsprechenden Vorschriften des Landes
- b. Es ist immer gestattet
- c. Nur am Tage, in der Nacht herrscht Funkstille
- d. Außer in Notfällen ist es überall verboten

FUNKBETRIEBSZEUGNIS SRC
Zur Vorbereitung auf die theoretische und praktische Prüfung.

11. An wen dürfen Dringlichkeitsmeldungen im Seefunkdienst grundsätzlich gerichtet werden?
    a. An alle Funkstellen im Seegebiet A1 oder an eine bestimmte Funkstelle im Seegebiet A1
    b. An alle Küstenfunkstellen oder an alle Funkstellen im Seegebiet A1
    c. An alle Küstenfunkstellen oder die Seenotleitung (MRCC)
    d. An alle Funkstellen oder an eine bestimmte Funkstelle

12. Welchen Inhalt kann eine Sicherheitsmeldung haben?
    a. Wichtige nautische Warnnachricht oder die Weiterleitung eines Notalarms
    b. Aufhebung eines Fehlalarms oder eine wichtige Wetterwarnung
    c. Aufhebung einer Dringlichkeitsmeldung oder ein Medico-Gespräch
    d. Wichtige nautische Warnnachricht oder eine wichtige Wetterwarnung

13. Für welche Verkehrsabwicklungen werden UKW-Handsprechfunkgeräte vorzugsweise verwendet?
    a. Funkverkehr Schiff–Schiff, Funkverkehr Schiff–SAR-Hubschrauber)
    b. Funkverkehr an Bord, Funkverkehr Schiff–Überlebensfahrzeug
    c. Funkverkehr an Bord, Funkverkehr Schiff–Hafen
    d. Funkverkehr mit Küstenfunkstellen, Funkverkehr Schiff–Überlebensfahrzeug

14. Welchen Zwecken dienen der Anrufkanal und ein Arbeitskanal?
    a. Anrufkanal zur Verbindungsaufnahme, Arbeitskanal nur zur Abwicklung von Notfällen
    b. Anrufkanal zur Verbindungsaufnahme, Arbeitskanal zur Abwicklung des weiteren Funkverkehrs
    c. Anrufkanal zur Verbindungsaufnahme, Arbeitskanal zur Abwicklung von Reiseplanungen
    d. Anrufkanal zur Verbindungsaufnahme mit Teilnehmern an Land, Arbeitskanal zur Zuweisung des Schleusenranges

15. Welche Informationen können bei der Programmierung eines NAVTEX-Empfängers nicht unterdrückt werden?
    a. Navigationswarnungen, Meteorologische Warnungen und SAR-Meldungen
    b. Navigationswarnungen, Wettervorhersagen und SAR-Meldungen
    c. Sat-Nav-Warnungen, Meteorologische Warnungen und Navigationswarnungen
    d. Meteorologische Warnungen, Revierinformationen und SAR-Meldungen

FUNKBETRIEBSZEUGNIS SRC
Zur Vorbereitung auf die theoretische und praktische Prüfung.

---

16. Auf welchem UKW-Kanal müssen alle mit DSC ausgerüsteten seegehenden Schiffe im Weltweiten Seenot- und Sicherheitsfunksystem (GMDSS) empfangsbereit sein?
    a. Kanal 16
    b. Kanal 06
    c. Kanal 10
    d. Kanal 70

17. Welche Voraussetzung muss eine Seefunkstelle erfüllen, die den Empfang eines DSC-Notalarms auf UKW im Sprechfunkverfahren bestätigt?
    a. Sie muss Hilfe leisten können
    b. Eine sichere Funkverbindung muss möglich sein
    c. Sie muss die Seefunkstelle in Not spätestens nach einer Stunde erreichen können
    d. Notalarme werden in jedem Fall bestätigt

18. Nach welchem Betriebsverfahren wird der Funkverkehr in Notfällen zwischen Seefunkstellen und SAR-Hubschraubern abgewickelt?
    a. Betriebsverfahren des mobilen Flugfunkdienstes
    b. Betriebsverfahren des Navigationsfunkdienstes
    c. Betriebsverfahren des mobilen Seefunkdienstes
    d. Betriebsverfahren des Revierfunkdienstes

19. Welche Veröffentlichung enthält die international entwickelten Redewendungen für Notfälle?
    a. Handbuch „Funkdienst für die Klein- und Sportschifffahrt"
    b. Handbuch für Suche und Rettung
    c. Nachrichten für Seefahrer
    d. Mitteilungen für Seefunkstellen und Schiffsfunkstellen

20. Auf welchen UKW-Kanälen dürfen zu Sicherheitszwecken Seefunkstellen mit SAR-Hubschraubern Funkverkehr vorzugsweise abwickeln?
    a. Kanal 16, Kanal 10
    b. Kanal 06, Kanal 10
    c. Kanal 16, Kanal 06
    d. Kanal 70, Kanal 16

21. Warum dauert es unter ungünstigen Bedingungen von der Aktivierung einer COSPAS-SARSAT-Satelliten-Seenotfunkbake ohne GPS bis zum Empfang der Position im MRCC bis zu vier Stunden?

    a. Die niedrige Datenrate im Uplink ermöglicht keine hohe Übertragungsgeschwindigkeit

    b. Hoher Seegang behindert die Funkwellenausbreitung zum geostationären COSPAS-SARSAT-Satelliten (GEOSAR)

    d. Schlechte Wetterverhältnisse behindern die Übertragung der Daten vom COSPAS-SARSAT-Satelliten zur Bodenstation (LUT)

    d. Es müssen Überflüge der umlaufenden COSPAS-SARSAT-Satelliten (LEOSAR) abgewartet werden

22. Was ist zu tun, bevor die Satelliten-Seenotfunkbake (EPIRB) für Wartungszwecke aus ihrer Halterung entfernt werden soll?

    a. Sicherstellen, dass kein Fehlalarm ausgelöst wird

    b. Sicherung lösen

    c. MRCC informieren

    d. Keine besonderen Vorkehrungen treffen

23. Wie erscheint die Aussendung eines Transponders für Suche und Rettung (SART) auf einem Radarbildschirm?

    a. Als Linie von mindestens zwölf Zeichen

    b. Die Aussendung eines Transponders ist auf dem Radarschirm nicht sichtbar

    c. Als lange aus einem Zeichen bestehende Linie

    d. Als Linie von mindestens drei Zeichen

24. Mit welcher Meldung werden die Funkstellen davon unterrichtet, dass der Notverkehr beendet ist?

    a. Meldung, die mit SILENCE MAYDAY abschließt

    b. Meldung, die mit OVER AND OUT abschließt

    c. Meldung, die mit MASTER abschließt

    d. Meldung, die mit SILENCE FINI abschließt

FUNKBETRIEBSZEUGNIS SRC
Zur Vorbereitung auf die theoretische und praktische Prüfung.

Übungs-Fragebogen 5

1. Was ist eine „Küstenfunkstelle"?

    a. Ortsfeste Funkstelle des mobilen Seefunkdienstes
    b. Funkstelle an Bord eines Schiffes im Küstenbereich, über die wichtige Informationen für die Seeschifffahrt verbreitet werden
    c. Funkstelle des Rundfunkdienstes zur Übermittlung von Wetternachrichten für die Schifffahrt
    d. Funkstelle an Bord eines Schiffes für den Empfang von Funkgesprächen aus dem Mobilfunknetz

2. Was ist eine „Sea-Area" im GMDSS?

    a. International festgelegtes Seewarngebiet
    b. Im NAVTEX bestimmtes Seegebiet
    c. Weltweites Raster zum schnellen Auffinden von verunglückten Fahrzeugen
    d. Festgelegtes Seegebiet

3. Was versteht man unter „AIS"?

    a. Automatische Aussendung der Kennung eines Seeschiffes jede Minute bzw. beim Loslassen der Sprechtaste
    b. Automatisches Schiffsidentifizierungs- und Überwachungssystem, das statische und dynamische Schiffsdaten auf UKW überträgt
    c. Allgemeines Informationssystem für die Seeschifffahrt
    d. Identifizierung eines Schiffes mit Hilfe von Radarpeilungen und deren Weitergabe an die Schifffahrt zur Kollisionsverhütung

4. Welche Sportboote müssen mit einer UKW-Seefunkanlage ausgerüstet sein?

    a. Sportboote mit einer Länge über alles von 12 m und mehr
    b. Sportboote mit einer Antriebsmaschine von 3,68 kW und mehr
    c. Gewerbsmäßig genutzte Sportboote mit einer Antriebsmaschine von 3,68 kW und mehr
    d. Gewerbsmäßig genutzte Sportboote mit einer Länge über alles von 12 m und mehr

FUNKBETRIEBSZEUGNIS SRC
Zur Vorbereitung auf die theoretische und praktische Prüfung.

5. Was muss ein Schiffseigner beim Austausch der UKW-Sprechfunkanlage gegen eine UKW-GMDSS-Funkanlage veranlassen?

    a. Schriftliche Mitteilung über die Umrüstung an die Bundesnetzagentur

    b. Schriftliche Mitteilung über die Umrüstung an das Bundesamt für Seeschifffahrt und Hydrographie

    c. Schriftliche Mitteilung über die Umrüstung an das Amtsgericht

    d. Schriftliche Mitteilung über die Umrüstung an die Zentrale Verwaltungsstelle

6. Welche Auswirkung auf die Betriebsdauer einer Batterie hat der Sendebetrieb einer Seefunkanlage im Vergleich zum Empfangsbetrieb?

    a. Betriebsdauer wird verkürzt

    b. Betriebsdauer wird halbiert

    c. Betriebsdauer wird verlängert

    d. Betriebsdauer bleibt gleich

7. Welcher Unterschied besteht in der Reichweite bei analoger (Sprechfunk) und bei digitaler Übertragung (DSC) im UKW-Seefunkbereich?

    a. Bei digitaler Übertragung besteht kein Unterschied im Vergleich zur analogen Übertragung

    b. Bei digitaler Übertragung deutlich größere Reichweite im Vergleich zur analogen Übertragung

    c. Bei digitaler Übertragung vierfache Reichweite im Vergleich zur analogen Übertragung

    d. Bei digitaler Übertragung kürzere Reichweite im Vergleich zur analogen Übertragung

8. Wie lauten die Maritime Identification Digits (MID) für die Bundesrepublik Deutschland?

    a. 211 und 219

    b. 218 und 224

    c. 218 und 226

    d. 211 und 218

9. Wie wird der Frequenzbereich von 30 bis 300 MHz bezeichnet?

    a. Ultrakurzwelle (UKW/VHF)

    b. Langwelle (LW/LF)

    c. Mittelwelle (MW/MF)

    d. Kurzwelle (KW/HF)

FUNKBETRIEBSZEUGNIS SRC
Zur Vorbereitung auf die theoretische und praktische Prüfung.

---

10. Wodurch kann die Abstrahlung der Sendeenergie einer UKW-Anlage auf einem Schiff wesentlich beeinträchtigt werden?
    a. Schräglage des Schiffs
    b. Metallische Gegenstände in der Nähe des Antennenkabels
    c. Metallische Gegenstände in der Nähe der Antenne
    d. Wetter

11. Wie ist die Rangfolge der Aussendungen im Seefunkdienst festgelegt?
    a. Not, Sicherheit, Dringlichkeit, Routine
    b. Routine, Sicherheit, Dringlichkeit, Not
    c. Not, Dringlichkeit, Sicherheit, Routine
    d. Routine, Dringlichkeit, Sicherheit, Not

12. Was wird im Sprechfunk durch das Zeichen PAN PAN angekündigt?
    a. Dringlichkeitsmeldung
    b. Notmeldung
    c. Sicherheitsmeldung
    d. Routinemeldung

13. Welche UKW-Kanäle benutzen Sportfahrzeuge für den Funkverkehr untereinander vorzugsweise in den deutschen Hoheitsgewässern?
    a. Kanäle 69 oder 70
    b. Kanäle 10 oder 13
    c. Kanäle 06 oder 16
    d. Kanäle 69 oder 72

14. Was ist vor dem Anruf auf einem Arbeitskanal zu beachten?
    a. Die geringste Sendeleistung muss eingestellt werden
    b. Die Küstenfunkstelle muss den Arbeitskanal freigeben
    c. Der laufende Funkverkehr muss aufgefordert werden, den Funkverkehr zu beenden
    d. Der laufende Funkverkehr darf nicht gestört werden

FUNKBETRIEBSZEUGNIS SRC
Zur Vorbereitung auf die theoretische und praktische Prüfung.

15. Worauf muss beim Einstellen eines NAVTEX-Empfängers geachtet werden?

    a. Auswählen der gewünschten NAVTEX-Sender und Eingeben der MMSI-Rufnummer

    b. Einstellen der jeweiligen NAVTEX-Sender und Auswählen der Art der benötigten Meldungen

    c. Eingeben der eigenen Position und Auswählen der Art der benötigten Meldungen

    d. Auswählen der Sprache, in der die Nachricht empfangen werden soll, und Unterdrücken nicht benötigter Meldungen

16. Welche Aufgabe hat ein „RCC" im Seenotfall?

    a. Koordinierung der im Seenotfall zur Verfügung stehenden Kräfte und Abwicklung des Notverkehrs

    b. Stationierung von Seenotrettungskreuzern rund um die Uhr

    c. Alarmierung von SAR-Fahrzeugen im Seenotfall über Satellit

    d. Erteilung von Ratschlägen an den Havaristen

17. Welche Priorität der Alarmierung ist zu wählen, wenn sich eine Person in Lebensgefahr befindet und Hilfe benötigt?

    a. Dringlichkeit

    b. Sicherheit

    c. Notfall

    d. Routine

18. Wann und warum wird die Einleitung eines Notverkehrs wiederholt?

    a. Wenn die aussendende Seefunkstelle keine Antwort auf ihren DSC-Alarm oder ihre Notmeldung erhalten hat oder wenn sie es aus anderen Gründen für notwendig hält

    b. Wenn der DSC-Notalarm nur von einer Küstenfunkstelle bestätigt worden ist

    c. Die Einleitung des Notverkehrs darf nicht wiederholt werden, um Fehlalarme zu vermeiden

    d. Die Einleitung des Notverkehrs wird nach 6 Minuten wiederholt, wenn keine Bestätigung erfolgt ist

19. Welchen UKW-Kanal soll ein Schiff in Not bis zur Ankunft eines SAR-Hubschraubers abhören?

    a. Kanal 06   b. Kanal 16

    c. Kanal 10   d. Kanal 70

FUNKBETRIEBSZEUGNIS SRC
Zur Vorbereitung auf die theoretische und praktische Prüfung.

---

20. Welche Komponenten des Weltweiten Seenot- und Sicherheitsfunksystems (GMDSS) werden für die Aussendung von Signalen zur Ortsbestimmung eingesetzt?

    a. NAVTEX, EGC   b. DSC, EPIRB
    c. SART, EPIRB   d. NAVTEX, SART

21. Wie groß ist die maximale Abweichung der ermittelten von der tatsächlichen Position einer COSPAS-SARSAT-Seenotfunkbake (EPIRB) ohne GPS?

    a. 10 sm   b. 100 sm
    c. 150 sm   d. 2 sm

22. Welche Informationen müssen an einer Satelliten-Seenotfunkbake (EPIRB) erkennbar sein?

    a. Herstellerfirma, Haltbarkeitsdatum des Wasserdruckauslösers, Zulassungsdatum der EPIRB, Kurzanleitung
    b. Herstellerfirma, Schiffsname/Rufzeichen/MMSI oder anderes Identifikationsmerkmal, Prüfdatum, Sendefrequenz
    c. Kurzanleitung, Zulassungsdatum der EPIRB, Schiffsname/Rufzeichen/MMSI oder anderes Identifikationsmerkmal, Haltbarkeitsdatum der Batterie
    d. Schiffsname/Rufzeichen/MMSI oder anderes Identifikationsmerkmal, Seriennummer, Haltbarkeitsdatum der Batterie, Haltbarkeitsdatum des Wasserdruckauslösers

23. Welche Vorteile hat eine UKW-Seefunkanlage gegenüber einem Mobiltelefon in einer Notsituation?

    a. Allgemeine und sichere Alarmierungsmöglichkeit
    b. Hohe und gleichbleibende Sprachqualität
    c. Wahrung des Fernmeldegeheimnisses und des Abhörverbots
    d. Digitale und sichere Sprachübertragung

24. Welche Funktion hat ein Transponder für Suche und Rettung (Search and Rescue Transponder [SART])?

    a. Automatische Aussendung der Notposition über UKW an Küsten- bzw. Schiffsfunkstellen
    b. Automatische Übermittlung der Position des in Not befindlichen Fahrzeuges über die COSPAS-SARSAT-Satelliten
    c. Reflexion von Radarstrahlen und Erzeugung eines deutlichen Echos auf Radarbildschirmen
    d. Aussendung von Ortungsfunksignalen, die im Seenotfall das Auffinden des verunglückten Fahrzeuges mittels Radar erleichtern sollen

FUNKBETRIEBSZEUGNIS SRC
Zur Vorbereitung auf die theoretische und praktische Prüfung.

Übungs-Fragebogen 6

1. Welche Aufgaben hat die Internationale Fernmeldeunion (International Telecommunication Union [ITU])?

a. Die Internationale Fernmeldeunion (ITU) legt für alle Nationen der UN, die weltweit Seeschifffahrt betreiben, die Mindeststandards hinsichtlich der Funkausrüstung von Seeschiffen fest

b. Die Internationale Fernmeldeunion (ITU) legt die grundlegenden Regelungen für die internationale Telekommunikation fest

c. Die Internationale Fernmeldeunion (ITU) führt als internationale Verkehrsbehörde weltweit die Überwachung des Funkverkehrs durch

d. Die Internationale Fernmeldeunion (ITU) rechnet die Gebühren von weltweiten Seefunkgesprächen ab

2. Was sind die Abrechnungsgrundlagen für ein Seefunkgespräch über eine deutsche Küstenfunkstelle?

a. Gesprächsdauer und Preis der Verrechnungseinheiten

b. Gesprächsdauer und Entfernung zur Küstenfunkstelle

c. Gesprächsdauer und Frequenznutzungsgebühren

d. Gesprächsdauer und Dringlichkeit des Gesprächs

3. Wonach richten sich die Zeitangaben im Seefunkdienst?

a. Bordzeit, berichtigt nach Sommer- oder Winterzeit

b. Greenwich-Zeit (Greenwich Mean Time [GMT])

c. Ortszeit, bezogen auf den Standort des Schiffes (Local Time [LT])

d. Koordinierte Weltzeit (Universal Time Co-ordinated [UTC])

4. Welche Urkunde und welcher Befähigungsnachweis müssen bei der Überprüfung einer Seefunkstelle auf einem Sportfahrzeug dem Prüfbeamten auf Verlangen vorgelegt werden?

a. Zuteilung (Ship Station Licence) und Sportbootführerschein des Fahrzeugführers

b. Seefunkzeugnis eines Besatzungsmitgliedes und Internationaler Bootsschein (IBS)

c. Zuteilung (Ship Station Licence) und Seefunkzeugnis des Fahrzeugführers

d. Seefunkzeugnis des Fahrzeugführers und Eigentumsnachweis

FUNKBETRIEBSZEUGNIS SRC
Zur Vorbereitung auf die theoretische und praktische Prüfung.

---

5. Wer stellt in Deutschland Funksicherheitszeugnisse für Sportboote aus, die gewerbsmäßig genutzt werden?
    a. Bundesamt für Seeschifffahrt und Hydrographie (BSH)
    b. Wasser- und Schifffahrtsverwaltung (WSV)
    c. Bundesnetzagentur (BNetzA)
    d. Dienststelle Schiffssicherheit der Berufsgenossenschaft Verkehrswirtschaft Post-Logistik, Telekommunikation (BG Verkehr)

6. Wie hoch ist die mittlere Stromaufnahme einer UKW-Seefunkanlage im Sendebetrieb bei 25 Watt Sendeleistung?
    a. Zwischen 1 und 2 Ampere
    b. Zwischen 2 und 3 Ampere
    c. Zwischen 4 und 8 Ampere
    d. Zwischen 10 und 12 Ampere

7. Auf welchem UKW-Kanal erfolgt die Alarmierung mittels DSC?
    a. Kanal 16   b. Kanal 70
    c. Kanal 06   d. Kanal 10

8. Wie setzt sich die Seefunkstellen-Rufnummer (MMSI) zusammen?
    a. Neun Ziffern, wobei die ersten drei Ziffern die Seefunkkennzahl (MID) enthalten
    b. Drei Buchstaben und sechs Ziffern
    c. Sieben Ziffern, wobei die ersten beiden Ziffern Nullen sein müssen
    d. Neun Ziffern, wobei die erste Ziffer eine Null ist

9. Welche UKW-Kanäle sind international ausschließlich für den Funkverkehr zwischen Seefunkstellen vorgesehen?
    a. Kanäle 15 und 17
    b. Kanäle 16, 69, 70 und 82
    c. Kanäle 06, 08, 72 und 77
    d. Kanäle 16 und 18, ersatzweise 70

10. Was hat keinen Einfluss auf die Reichweite eines UKW-Handsprechfunkgerätes?
    a. Schlechtes Wetter
    b. Niedrige Antennenhöhe
    c. Geringer Ladezustand des Akkus
    d. Geringe Sendeleistung

11. Wozu dient der Revier- und Hafenfunkdienst?
    a. Zuweisung von Liegeplätzen innerhalb oder in der Nähe von Häfen
    b. Verbreitung von Wetterberichten auf dem Revier, innerhalb oder in der Nähe von Häfen
    c. Nachrichtenaustausch innerhalb oder in der Nähe von Häfen über das öffentliche Netz
    d. Übermittlung von Nachrichten, die ausschließlich das Führen, die Fahrt und die Sicherheit von Schiffen auf dem Revier, innerhalb oder in der Nähe von Häfen betreffen

12. An wen dürfen Dringlichkeitsmeldungen im Seefunkdienst grundsätzlich gerichtet werden?
    a. An alle Funkstellen oder an eine bestimmte Funkstelle
    b. An alle Funkstellen im Seegebiet A1 oder an eine bestimmte Funkstelle im Seegebiet A1
    c. An alle Küstenfunkstellen oder an alle Funkstellen im Seegebiet A1
    d. An alle Küstenfunkstellen oder die Seenotleitung (MRCC)

13. Welche Betriebsart wird für den Schiff-Schiff-Verkehr auf UKW im Sprechfunkverfahren verwendet?
    a. Gegensprechen auf einer Frequenz
    b. Wechselsprechen auf einer Frequenz
    c. Wechselsprechen auf zwei Frequenzen
    d. Gegensprechen auf zwei Frequenzen

14. Auf welchem UKW-Kanal sollte ein Sportfahrzeug in der Regel empfangsbereit sein, wenn es sich auf See befindet und nur mit einer UKW-Sprechfunkanlage ausgerüstet ist?
    a. Kanal 70   b. Kanal 69
    c. Kanal 06   d. Kanal 16

15. Wie heißt der Dienst, in dem Nachrichten für die Sicherheit der Seeschifffahrt (MSI) über terrestrische Frequenzen verbreitet werden?
    a. SafetyNET   b. AIS
    c. NAVTEX   d. AMVER

16. Was ist „On-Scene Communication"?
    a. Funkverkehr in Reichweite einer Küstenfunkstelle für UKW
    b. Funkverkehr im Hafenfunk (Port Radio)
    c. Funkverkehr vor Ort im Seenotfall
    d. Funkverkehr von Behördenfahrzeugen

FUNKBETRIEBSZEUGNIS SRC
Zur Vorbereitung auf die theoretische und praktische Prüfung.

---

17. Wer darf das Aussenden einer Notmeldung im Seefunkdienst veranlassen?
    a. Fahrzeugführer   b. Crewmitglied
    c. Rudergänger   d. Rettungsleitstelle

18. Auf welchem UKW-Kanal findet der Notverkehr vorzugsweise statt?
    2. Kanal 70   b. Kanal 16
    c. Kanal 69   d. Kanal 06

19. Wann wird im Seefunkdienst die Aufforderung SILENCE MAYDAY ausgesendet?
    a. Wenn die Situation des Schiffes in Not besonders kritisch ist
    b. Wenn die Funkstelle in Not oder die Funkstelle, die den Notverkehr leitet, die Beendigung des Notverkehrs ankündigen will
    c. Wenn eine Funkstelle sich besondere Aufmerksamkeit für die Verbreitung einer Dringlichkeits- oder Sicherheitsmeldung erbittet
    d. Wenn die Funkstelle, die den Notverkehr leitet, störende Funkstellen zur Einhaltung der Funkstille auffordert

20. Was ist zu tun, wenn irrtümlich von einer Seefunkstelle ein Notalarm auf Kanal 70 ausgelöst worden ist?
    a. Gerät umgehend zurücksetzen, wenn möglich, den Fehlalarm per DSC zurücknehmen, mit Meldung auf Kanal 16 „An alle Funkstellen" den Fehlalarm zurücknehmen
    b. Gerät ausschalten, um weitere Sendungen zu verhindern, Eintragung der irrtümlichen Aussendung im Schiffstagebuch, Zuständiges MRCC telefonisch informieren
    c. Ankündigung der Rücknahme des Notalarms mit DSC, Mit Meldung auf Kanal 16 „An alle Funkstellen" den Fehlalarm zurücknehmen, Schiffsführer informieren
    c. Gerät umgehend zurücksetzen, Ankündigung der Rücknahme des Notalarms mit DSC, mit Meldung auf Kanal 13 „An alle Funkstellen" den Fehlalarm zurücknehmen

21. Wie lange kann es unter ungünstigen Bedingungen von der Aktivierung einer COSPAS-SARSAT-Satelliten-Seenotfunkbake ohne GPS bis zum Empfang der Position im MRCC dauern?
    a. Bis zu 8 Stunden
    b. Bis zu 12 Stunden
    c. Bis zu einem Tag
    d. Bis zu 4 Stunden

FUNKBETRIEBSZEUGNIS SRC
Zur Vorbereitung auf die theoretische und praktische Prüfung.

22. Was ist zu tun, bevor die Satelliten-Seenotfunkbake (EPIRB) für Wartungszwecke aus ihrer Halterung entfernt werden soll?

    a. Sicherung lösen

    b. MRCC informieren

    c. Sicherstellen, dass kein Fehlalarm ausgelöst wird

    d. Keine besonderen Vorkehrungen treffen

23. Warum ist ein Mobiltelefon gegenüber einer UKW-Seefunkanlage keine Alternative, wenn in einer Notsituation die Such- und Rettungsmaßnahmen anderen Fahrzeugen bekannt gemacht werden müssen?

    a. Telefongespräche können von weiteren Fahrzeugen nicht mitgehört werden, wichtige Informationen zur Hilfeleistung und Rettung sind nicht für alle Beteiligten verfügbar

    b. Telefongespräche können von weiteren Fahrzeugen nicht bestätigt werden, der Seenotleitung (MRCC) fehlen daher wichtige Informationen

    c. Telefongespräche können von Küstenfunkstellen nicht bestätigt werden, wichtige Informationen fehlen daher für die Koordination vor Ort

    d. Telefongespräche können vom On-Scene-Co-ordinator (OSC) nicht mitgehört werden, wichtige Informationen sind nur bei der Seenotleitung (MRCC) vorhanden

24. Welche Funktion hat ein Transponder für Suche und Rettung (Search and Rescue Transponder [SART])?

    a. Automatische Aussendung der Notposition über UKW an Küsten- bzw. Schiffsfunkstellen

    b. Automatische Übermittlung der Position des in Not befindlichen Fahrzeuges über die COSPAS-SARSAT-Satelliten

    c. Reflexion von Radarstrahlen und Erzeugung eines deutlichen Echos auf Radarbildschirmen

    d. Aussendung von Ortungsfunksignalen, die im Seenotfall das Auffinden des verunglückten Fahrzeuges mittels Radar erleichtern sollen

FUNKBETRIEBSZEUGNIS SRC
Zur Vorbereitung auf die theoretische und praktische Prüfung.

Übungs-Fragebogen 7

1. Was regelt die Vollzugsordnung für den Funkdienst (VO Funk, engl. Radio Regulations [RR])?
    a. Die Vollzugsordnung für den Funkdienst (RR) regelt die Ausrüstung von Seeschiffen bezüglich der Funkeinrichtung
    b. Die Vollzugsordnung für den Funkdienst (RR) regelt den freien Funkverkehr zwischen den Seefahrt betreibenden Nationen
    c. Die Vollzugsordnung für den Funkdienst (RR) regelt die Benutzung von Radaranlagen auf Seeschiffen auf See und in Häfen
    d. Die Vollzugsordnung für den Funkdienst (RR) regelt u. a. die Zuweisung von Frequenzbereichen an die Funkdienste und die Betriebsverfahren im Seefunkdienst

2. Welche Publikationen des Bundesamtes für Seeschifffahrt und Hydrographie (BSH) enthalten speziell für die Sportschifffahrt Informationen zum Seefunk?
    a. Nautisches Jahrbuch
    b. Funkdienst für die Klein- und Sportschifffahrt
    c. Nachrichten für Seefahrer
    d. Mitteilungen für Seefunkstellen und Schiffsfunkstellen

3. Was wird als „MSI" bezeichnet?
    a. Nachricht, die die Sicherheit der Seeschifffahrt betrifft
    b. Rufnummer im Seefunkdienst (Maritime Mobile Service Identity)
    c. Mittlere Signalstärke des modulierten Eingangssignals
    d. Landeskennung einer Seefunkstelle

4. Die Urkunde über die Zuteilung (Ship Station Licence) zum Betreiben einer Seefunkstelle wird in Deutschland ausgestellt durch ...
    a. die Bundesnetzagentur (BNetzA), Außenstelle Mülheim an der Ruhr
    b. das Bundesamt für Seeschifffahrt und Hydrographie (BSH), Rostock
    c. die Bundesnetzagentur (BNetzA), Außenstelle Hamburg
    d. das Wasser- und Schifffahrtsamt, Hamburg

FUNKBETRIEBSZEUGNIS SRC
Zur Vorbereitung auf die theoretische und praktische Prüfung.

5. Ein Sportboot von 12 Meter Länge und mehr benötigt ein Funksicherheitszeugnis...
    a. bei gewerbsmäßiger Nutzung
    b. bei Regattateilnahme
    c. bei Auslandsfahrten und in internationalen Gewässern
    d. in jedem Fall

6. Zur Teilnahme am Binnenschifffahrtsfunk muss eine Seefunkstelle...
    a. mit einer weiteren Seefunkanlage ausgerüstet werden
    b. nicht geändert werden
    c. mit der MMSI auch eine ATIS-Kennung aussenden
    d. mit einer umschaltbaren „Kombi—Anlage für Seefunkdienst und Binnenschifffahrtsfunk" oder einer zusätzlichen Sprechfunkanlage für den Binnenschifffahrtsfunk ausgerüstet werden

7. Welches technische Verfahren im GMDSS ermöglicht einer Seefunkstelle die Verkehrs-aufnahme in den Richtungen Schiff-Küstenfunkstelle und Schiff–Schiff?
    a. NAVTEX
    b. DSC
    c. COSPAS-SARSAT
    d. SMS

8. Durch die Verbindung mit welchem Gerät ist gewährleistet, dass bei einem DSC-Notalarm die aktuelle Position automatisch mit ausgesendet wird?
    a. GPS-Empfänger
    b. NAVTEX-Empfänger
    c. Radargerät
    d. UKW-Wachempfänger

9. Welche Betriebsart wird als „Semi-Duplex" bezeichnet?
    a. Wechselsprechen auf zwei Frequenzen
    b. Gegensprechen auf zwei Frequenzen
    c. Gegensprechen auf einer Frequenz
    d. Wechselsprechen auf einer Frequenz

FUNKBETRIEBSZEUGNIS SRC
Zur Vorbereitung auf die theoretische und praktische Prüfung.

---

10. Atmosphärische Störungen des Funkverkehrs sind ...
    a. im Seefunkverkehr im VHF-Bereich ein großes Problem
    b. im Seefunkverkehr im VHF-Bereich kein Problem
    c. gleichzeitig im VHF-Bereich und beim NAVTEX-Empfang vorhanden
    d. im VHF-Bereich nur bei Verwendung von nicht vertikal angebrachten Antennen vorhanden

11. Welcher Funkdienst gehört neben dem Revier- und Hafenfunkdienst ebenfalls zum Sicherheitsfunkdienst innerhalb des mobilen Seefunkdienstes?
    a. Lotsenfunk
    b. Schleusenfunk
    c. Binnenschifffahrtsfunk
    d. Schiffslenkungsfunkdienst

12. Welche Funkstelle wird mit dem Rufnamen „Warnemünde Traffic" gerufen?
    a. Wasserschutzpolizei Warnemünde
    b. Seefunkstelle der DGzRS-Station Warnemünde
    c. Küstenfunkstelle des Revierfunkdienstes in Warnemünde
    d. Funkstelle des Hafenmeisters der Marina in Warnemünde

13. Wie lautet das Dringlichkeitszeichen im Sprechfunk?
    a. SECURITE
    b. MAYDAY
    c. PAN PAN
    d. URGENCY

14. Welchen Inhalt kann eine Sicherheitsmeldung haben?
    a. Wichtige nautische Warnnachricht oder die Weiterleitung eines Notalarms
    b. Wichtige nautische Warnnachricht oder eine wichtige Wetterwarnung
    c. Aufhebung eines Fehlalarms oder eine wichtige Wetterwarnung
    d. Aufhebung einer Dringlichkeitsmeldung oder ein Medico-Gespräch

15. Bis zu welcher Entfernung vom Standort des Senders können Sicherheitsmeldungen für die Seeschifffahrt im NAVTEX-Dienst empfangen werden?
    a. Ca. 600 sm
    b. Ca. 30 sm
    c. Ca. 1000 sm
    d. Ca. 1500 sm

FUNKBETRIEBSZEUGNIS SRC
Zur Vorbereitung auf die theoretische und praktische Prüfung.

16. Wer darf das Aussenden einer Notmeldung im Seefunkdienst veranlassen?
    a. Crewmitglied
    b. Rudergänger
    c. Rettungsleitstelle
    d. Fahrzeugführer

17. Womit wird der Notverkehr im Sprechfunk eingeleitet?
    a. Schiffsname
    b. DISTRESS
    c. MAYDAY
    d. SOS

18. Auf welchem UKW-Kanal und in welchem Verfahren bestätigt eine Seefunkstelle den auf Kanal 70 empfangenen Notalarm?
    a. Kanal 16, Sprechfunkverfahren
    b. Kanal 70, DSC
    c. Arbeitskanal, Sprechfunkverfahren
    d. Kanal 16, DSC

19. Nach welchem Betriebsverfahren wird der Funkverkehr in Notfällen zwischen Seefunkstellen und SAR-Hubschraubern abgewickelt?
    a. Betriebsverfahren des mobilen Flugfunkdienstes
    b. Betriebsverfahren des mobilen Seefunkdienstes
    c. Betriebsverfahren des Navigationsfunkdienstes
    d. Betriebsverfahren des Revierfunkdienstes

20. Wie ist zu verfahren, wenn während eines Notverkehrs auf Kanal 16 die Ankündigung einer Dringlichkeits- oder Sicherheitsmeldung „An alle Funkstellen" vorgenommen werden soll?
    a. Ankündigung mittels Digitalen Selektivrufs (DSC) auf Kanal 70, Ankündigung während einer Pause im Notverkehr auf Kanal 16, Aussendung der Meldung auf einem Schiff-Schiff-Kanal
    b. Ankündigung auf Kanal 06, Information an die Küstenfunkstelle/RCC über den Inhalt der Meldung auf einem Arbeitskanal
    c. Ankündigung mittels Digitalen Selektivrufs (DSC) auf Kanal 70, Information „An alle Funkstellen" über den Inhalt der Meldung auf Kanal 16
    d. Ankündigung auf Kanal 16 während einer Pause im Notverkehr, Aussendung auf einem Schiff-Schiff-Kanal

21. Wodurch wird eine EPIRB im Seenotfall automatisch aktiviert?
    a. Rüttelkontakt
    b. Wasserdruckauslöser
    c. GPS-Signale
    d. Radar-Signale

FUNKBETRIEBSZEUGNIS SRC
Zur Vorbereitung auf die theoretische und praktische Prüfung.

---

22. Warum dauert es unter ungünstigen Bedingungen von der Aktivierung einer COSPAS-SARSAT-Satelliten-Seenotfunkbake ohne GPS bis zum Empfang der Position im MRCC bis zu vier Stunden?

    a. Es müssen Überflüge der umlaufenden COSPAS-SARSAT-Satelliten (LEOSAR) abgewartet werden

    b. Die niedrige Datenrate im Uplink ermöglicht keine hohe Übertragungsgeschwindigkeit

    c. Hoher Seegang behindert die Funkwellenausbreitung zum geostationären COSPAS-SARSAT-Satelliten (GEOSAR)

    d. Schlechte Wetterverhältnisse behindern die Übertragung der Daten vom COSPAS-SARSAT- Satelliten zur Bodenstation (LUT)

23. Welches Navigationsgerät empfängt das Signal eines aktivierten Transponders für Suche und Rettung (SART)?

    a. GPS-Empfänger

    b. DSC-Controller

    c. NAVTEX-Gerät

    d. Radargerät

24. Welche Vorteile hat eine UKW-Seefunkanlage gegenüber einem Mobiltelefon in einer Notsituation?

    a. Allgemeine und sichere Alarmierungsmöglichkeit

    b. Hohe und gleichbleibende Sprachqualität

    c. Wahrung des Fernmeldegeheimnisses und des Abhörverbots

    d. Digitale und sichere Sprachübertragung

FUNKBETRIEBSZEUGNIS SRC
Zur Vorbereitung auf die theoretische und praktische Prüfung.

Übungs-Fragebogen 8

1. Welche Funktion hat das „GMDSS" (Global Maritime Distress and Safety System)?
    a. Hilfe in Seenotfällen und Sicherung der Schifffahrt durch schnelle und genaue Alarmierung im Seenotfall
    b. Koordinierung der Alarmierung von Seefunkstellen im Seenotfall
    c. Positionsbestimmung des Havaristen durch geostationäre Satelliten
    d. Störungsfreier Funkverkehr im Seenotfall

2. Was ist eine „Küstenfunkstelle"?
    a. Funkstelle an Bord eines Schiffes im Küstenbereich, über die wichtige Informationen für die Seeschifffahrt verbreitet werden
    b. Ortsfeste Funkstelle des mobilen Seefunkdienstes
    c. Funkstelle des Rundfunkdienstes zur Übermittlung von Wetternachrichten für die Schifffahrt
    d. Funkstelle an Bord eines Schiffes für den Empfang von Funkgesprächen aus dem Mobilfunknetz

3. Welche Aussendung wird als „WX" bezeichnet?
    a. Nautische Warnnachricht
    b. Aussendung, die zurückgenommen wurde
    c. Funktelexaussendung im GMDSS
    d. Wetterbericht

4. Welche Urkunde für die Seefunkstelle muss auf einem Sportfahrzeug mitgeführt werden?
    a. Zuteilungsurkunde (Ship Station Licence) (in Kopie)
    b. Gerätezulassungsurkunde (im Original)
    c. Zuteilungsurkunde (Ship Station Licence) (im Original)
    d. Gerätezulassungsurkunde (in Kopie)

5. Welche Art von Funkstelle hat z. B. das Rufzeichen „DDTW"?
    a. Seefunkstelle an Bord eines deutschen Schiffes, eingetragen in einem Seeschiffsregister
    b. Küstenfunkstelle des Schiffsmeldedienstes (SMD)
    c. Funkstelle des Nichtöffentlichen Funkdienstes
    d. Funkstelle an Bord eines SAR-Hubschraubers

FUNKBETRIEBSZEUGNIS SRC
Zur Vorbereitung auf die theoretische und praktische Prüfung.

---

6. Welche Eigenschaften des „GPS" sind für eine GMDSS-Funkanlage von besonderer Bedeutung?

a. Mit Hilfe von GPS kann die genaue Position des Fahrzeugs bestimmt und übermittelt werden.
Ebenso kann die genaue Zeit bestimmt werden

b. Mit Hilfe von GPS ist ein weltweiter Funkverkehr über Satellit zwischen Schiffen untereinander bzw. mit Küstenfunkstellen möglich

c. Mit Hilfe von GPS besteht die Möglichkeit der Kommunikation über Inmarsat bzw. COSPAS-SARSAT

d. Mit Hilfe von GPS erfolgt die Kommunikation mit der Rettungsleitstelle über Satellit

7. Wie wird eine mit DSC-Einrichtungen ausgerüstete Seefunkstelle gekennzeichnet?

a. Rufnummer des mobilen Seefunkdienstes (MMSI), Schiffsname

b. Schiffsname, Heimathafen, Rufzeichen

c. Schiffsname, Rufzeichen, Rufnummer des mobilen Seefunkdienstes (MMSI)

d. Registriernummer des Schiffszertifikates, Rufzeichen

8. Woran ist die Nationalität der Seefunkstelle in der MMSI erkennbar?

a. Seefunkkennzahl (MID)

b. Länderkennung, bestehend aus drei Buchstaben

c. Letzte drei Ziffern der MMSI

d. Mittlere drei Ziffern der MMSI

9. An welchem Funkdienst darf der Inhaber eines Beschränkt Gültigen Funkbetriebszeugnisses (SRC) teilnehmen?

a. Mobiler Seefunkdienst auf Ultrakurzwelle (UKW/VHF) einschließlich Satellitenfunk

b. Mobiler Seefunkdienst auf Ultrakurzwelle (UKW/VHF)

c. Mobiler Seefunkdienst auf Kurzwelle (KW/HF) und Grenzwelle (GW/MF), außer Satellitenfunk

d. Mobiler Seefunkdienst auf Ultrakurzwelle (UKW/VHF) einschließlich Grenzwelle/Kurzwelle

10. Wie breiten sich Ultrakurzwellen (UKW/VHF) aus?

a. Abhängig von der Tageszeit

b. Der Erdkrümmung folgend bis weit hinter den Horizont

c. Geradlinig und quasioptisch

d. In der Ionosphäre reflektiert

FUNKBETRIEBSZEUGNIS SRC
Zur Vorbereitung auf die theoretische und praktische Prüfung.

11. Wer bestimmt bei einer Verbindung zwischen See- und Küstenfunkstelle den für die weitere Verkehrsabwicklung zu benutzenden Arbeitskanal?

    a. Seefunkstelle   b. On-Scene Co-ordinator (OSC)

    c. Rufende Funkstelle   d. Küstenfunkstelle

12. Was zeigt das Dringlichkeitszeichen an?

    a. Die rufende Funkstelle hat eine sehr dringende Meldung auszusenden, welche die Sicherheit einer mobilen Einheit oder einer Person betrifft

    b. Die rufende Funkstelle hat eine Meldung auszusenden, dass ein Schiff von einer ernsten und unmittelbaren Gefahr bedroht ist und sofortige Hilfe benötigt

    c. Die rufende Funkstelle hat eine eilige Meldung auszusenden, die eine nautische Warnnachricht zum Inhalt hat

    d. Die rufende Funkstelle hat eine wichtige Meldung auszusenden, welche den Empfang einer Seenotfunkbake (EPIRB) bestätigt

13. Welchen Inhalt kann eine Sicherheitsmeldung haben?

    a. Wichtige nautische Warnnachricht oder die Weiterleitung eines Notalarms

    b. Aufhebung eines Fehlalarms oder eine wichtige Wetterwarnung

    c. Aufhebung einer Dringlichkeitsmeldung oder ein Medico-Gespräch

    d. Wichtige nautische Warnnachricht oder eine wichtige Wetterwarnung

14. Auf welchem Kanal ist eine Küstenfunkstelle zu rufen, die sowohl auf dem Kanal 70 als auch auf Kanal 16 sowie auf einem veröffentlichten Arbeitskanal empfangsbereit ist?

    a. Kanal 16 oder Kanal 70

    b. Kanal 70 oder Kanal 72

    c. Kanal 16 oder Arbeitskanal

    d. Kanal 70 oder Arbeitskanal

15. In welchen Zeitabständen werden die regelmäßigen NAVTEX-Informationen vom deutschen NAVTEX-Sender ausgesendet?

    a. 1 Stunde

    b. 4 Stunden

    c. 12 Stunden

    d. 24 Stunden

FUNKBETRIEBSZEUGNIS SRC
Zur Vorbereitung auf die theoretische und praktische Prüfung.

---

16. Was bedeutet „Funkverkehr vor Ort"?

    a. Funkverkehr zwischen dem Fahrzeug, das die Suche und Rettung koordiniert, und der Küstenfunkstelle

    b. Funkverkehr zwischen dem Schiff in Not und den Fahrzeugen, die Hilfe leisten sowie dem Schiff in Not und dem Fahrzeug, das die Suche und Rettung koordiniert

    c. Funkverkehr zwischen der Küstenfunkstelle und dem On-Scene Co-ordinator

    d. Funkverkehr zwischen dem Schiff in Not und in der Nähe befindlichen Luftfunkstellen

17. Wie lautet das Notzeichen im Sprechfunk?

    a. PAN PAN
    b. DISTRESS
    c. MAYDAY
    d. SOS

18. Welche Meldungen dürfen im Weltweiten Seenot- und Sicherheitsfunksystem (GMDSS) auf UKW-Kanal 16 (156,8 MHz) übermittelt werden?

    a. Notmeldungen, Dringlichkeitsmeldungen und die Ankündigung von Sicherheitsmeldungen

    b. Dringlichkeitsmeldungen und Meldungen im öffentlichen Funkverkehr

    c. Sicherheits-, Dringlichkeitsmeldungen und Nichtöffentlicher Funkverkehr

    d. Notmeldungen und Routinemeldungen

19. Wer fordert in einem Seenotfall eine störende Funkstelle mit den Wörtern SILENCE MAYDAY zur Einhaltung der Funkstille auf?

    a. Die Funkstelle in Not oder eine Hilfe leistende Luftfunkstelle

    b. Die Funkstelle, die den Notverkehr leitet

    c. Die Funkstelle, die die störende Funkstelle als erste empfangen hat

    d. Die Funkstelle, die der störenden Funkstelle nächstgelegen ist

20. Im Funkverkehr zwischen Seefunkstellen und SAR-Hubschraubern gilt das Betriebsverfahren...

    a. des Flugfunkdienstes
    b. der Rettungsdienste
    c. des Binnenschifffahrtsfunks
    d. des Seefunkdienstes

21. Wann darf eine Satelliten-Seenotfunkbake (EPIRB) für eine Aussendung aktiviert werden?
   a. Nur im Notfall
   b. Zu Testzwecken
   c. Im Notfall und zu Testzwecken
   d. Beim Herannahen von Rettungsfahrzeugen

22. Wie lange dauert es in den Seegebieten A1 bis A3, bis der Alarm einer COSPAS-SARSAT-Satelliten-Seenotfunkbake (EPIRB) bei der zuständigen Seenotleitung (MRCC) aufläuft?
   a. Bis zu 30 Minuten
   b. Bis zu 2 Stunden
   c. Wenige Minuten
   d. Bis zu 4 Stunden

23. Wie erscheint die Aussendung eines Transponders für Suche und Rettung (SART) auf einem Radarbildschirm?
   a. Die Aussendung eines Transponders ist auf dem Radarschirm nicht sichtbar
   b. Als Linie von mindestens zwölf Zeichen
   c. Als lange aus einem Zeichen bestehende Linie
   d. Als Linie von mindestens drei Zeichen

24. Warum ist ein Mobiltelefon gegenüber einer UKW-Seefunkanlage keine Alternative, wenn in einer Notsituation die Such- und Rettungsmaßnahmen anderen Fahrzeugen bekannt gemacht werden müssen?
   a. Telefongespräche können von weiteren Fahrzeugen nicht mitgehört werden, wichtige Informationen zur Hilfeleistung und Rettung sind nicht für alle Beteiligten verfügbar
   b. Telefongespräche können von weiteren Fahrzeugen nicht bestätigt werden, der Seenotleitung (MRCC) fehlen daher wichtige Informationen
   c. Telefongespräche können von Küstenfunkstellen nicht bestätigt werden, wichtige Informationen fehlen daher für die Koordination vor Ort
   d. Telefongespräche können vom On-Scene-Co-ordinator (OSC) nicht mitgehört werden, wichtige Informationen sind nur bei der Seenotleitung (MRCC) vorhanden

FUNKBETRIEBSZEUGNIS SRC
Zur Vorbereitung auf die theoretische und praktische Prüfung.

Übungs-Fragebogen 9

1. „Mobiler Seefunkdienst" ist mobiler Funkdienst ...
    a. zwischen tragbaren Funkstellen an Bord eines Seefahrzeuges
    b. ausschließlich zwischen Seefunkstellen
    c. zwischen Küstenfunkstellen und Seefunkstellen bzw. zwischen Seefunkstellen untereinander
    d. zwischen Funkstellen, für die keine Zuteilungsurkunde (Ship Station Licence) notwendig ist

2. Welche Bezeichnungen tragen die Seegebiete, in denen für Schiffe eine bestimmte Funkausrüstung international vorgeschrieben ist?
    a. A1, A2, A3, A4
    b. A, B, C, D
    c. NAVAREAS
    d. Küstengewässer, küstennahe Seegewässer, Hohe See

3. Was bedeutet „ETA"?
    a. Voraussichtliche Abfahrtszeit
    b. Voraussichtliche Gesamtfahrtzeit
    c. Voraussichtliche Restfahrtzeit
    d. Voraussichtliche Ankunftszeit

4. Welche Funkanlagen darf der Inhaber eines Beschränkt Gültigen Funkbetriebszeugnisses (Short Range Certificate [SRC]) bedienen?
    a. UKW-Funkanlagen im Seefunkdienst auf nicht funkausrüstungspflichtigen Fahrzeugen und auf Traditionsschiffen
    b. UKW-Funkanlagen für See- und Luftfunkstellen
    c. UKW-Funkanlagen auf Sportbooten im Seefunkdienst und Binnenschifffahrtsfunk
    d. UKW-Funkanlagen auf funkausrüstungspflichtigen und nicht funkausrüstungspflichtigen Seeschiffen

FUNKBETRIEBSZEUGNIS SRC
Zur Vorbereitung auf die theoretische und praktische Prüfung.

5. Was und zu welchem Zweck muss ein Schiffseigner bei Änderung des Schiffsnamens in Bezug auf seine Seefunkstelle veranlassen?

    a. Namensänderung dem Bundesamt für Seeschifffahrt und Hydrographie schriftlich mitteilen zwecks Änderung der Gerätezulassungsurkunde

    b. Namensänderung dem Wasser- und Schifffahrtsamt, Hamburg schriftlich mitteilen zwecks Änderung des Kennzeichenausweises

    c. Namensänderung der Bundesnetzagentur schriftlich mitteilen zwecks Änderung seiner Zuteilungsurkunde (Ship Station Licence)

    d. Namensänderung der Zentralen Verwaltungsstelle schriftlich mitteilen zwecks Änderung des Kennzeichenausweises

6. Welche Behörden in Deutschland sind berechtigt, die Funktionsfähigkeit von Seefunkstellen zu überprüfen?

    a. Bundesnetzagentur (BNetzA) und Bundesamt für Seeschifffahrt und Hydrographie (BSH)

    b. Wasser- und Schifffahrtsdirektionen

    c. Wasserschutzpolizeibehörden der Küstenländer

    d. Hafenbehörden in den Seehäfen

7. Welcher UKW-Kanal wird im Weltweiten Seenot- und Sicherheitsfunksystem (GMDSS) für die digitale Ankündigung einer Dringlichkeitsmeldung benutzt?

    a. Kanal 16

    b. Kanal 10

    c. Kanal 06

    d. Kanal 70

8. Welche Urkunde enthält die eigene Seefunkstellen-Rufnummer (MMSI)?

    a. Gerätezulassungsurkunde

    b. Internationaler Bootsschein

    c. Zuteilungsurkunde (Ship Station Licence)

    d. Schiffszertifikat

9. Wie werden die internationalen Kanäle im UKW-Seefunkbereich bezeichnet?

    a. Kanal 1 bis 20 und 68 bis 88

    b. Kanal 1 bis 28 und 60 bis 87

    c. Kanal 1 bis 28 und 60 bis 88

    d. Kanal 1 bis 28 und 68 bis 88

FUNKBETRIEBSZEUGNIS SRC
Zur Vorbereitung auf die theoretische und praktische Prüfung.

---

10. Wovon hängt die Reichweite einer UKW-Funkanlage hauptsächlich ab?
    a. Antennenhöhe
    b. Bordnetzspannung
    c. Tageszeit
    d. Wetter

11. Wie ist eine Küstenfunkstelle des Revier- und Hafenfunkdienstes gekennzeichnet?
    a. Geografischer Name des Ortes, dem die Art des Dienstes und das Wort Radio folgen
    b. Wort Radio, dem die Art des Dienstes und der geografische Name des Ortes folgen
    c. Geografischer Name des Ortes, dem das Wort Radio und die Art des Dienstes folgen
    d. Radio, dem der geografische Name des Ortes und die Art des Dienstes folgen

12. Was bedeutet im DSC-Controller die Anzeige „URGENCY"?
    a. Die nachfolgende Meldung ist eine Notmeldung und die Seefunkstelle erbittet sofortige Hilfe
    b. Die nachfolgende Meldung ist dringend und betrifft die Sicherheit einer mobilen Einheit oder einer Person
    c. Die nachfolgende Meldung ist dringend und die Seefunkstelle erbittet nautische Beratung
    d. Die nachfolgende Meldung ist eine Wetterwarnung und betrifft die Sicherheit der Schifffahrt

13. Welchen Zwecken dient der UKW-Kanal 16 (156,8 MHz) im Seefunkdienst?
    a. Notverkehr, Ankündigung einer Sicherheitsmeldung, Routineverkehr, Anrufkanal
    b. Aussendung des digitalen Selektivrufs
    c. Funkverkehr zwischen Fischereifahrzeugen
    d. Notverkehr, Dringlichkeitsmeldung, Ankündigung einer Sicherheitsmeldung, Anrufkanal

14. Was ist vor dem Anruf auf einem Arbeitskanal zu beachten?
    a. Die geringste Sendeleistung muss eingestellt werden
    b. Der laufende Funkverkehr darf nicht gestört werden
    c. Die Küstenfunkstelle muss den Arbeitskanal freigeben
    d. Der laufende Funkverkehr muss aufgefordert werden, den Funkverkehr zu beenden

FUNKBETRIEBSZEUGNIS SRC
Zur Vorbereitung auf die theoretische und praktische Prüfung.

15. Was bezeichnet „NAVAREA"?
    a. International festgelegtes Vorhersage- und Seewarngebiet
    b. Internationales Seegebiet, das nicht befahren werden darf
    c. Internationales Seegebiet, das in vier Gruppen eingeteilt ist (A1 bis A4)
    d. Internationales Seegebiet, das von Seeschiffen befahren werden darf

16. Welche Aufgabe hat der „On-Scene Co-ordinator" (OSC) im SAR-Fall?
    a. Kooperation mit der nächstgelegenen Küstenfunkstelle des Revierfunkdienstes
    b. Festlegung der DSC-Kanäle zur Verständigung der SAR-Einheiten
    c. Verbreitung wichtiger SAR-Meldungen rund um die Uhr
    d. Leitung der Such- und Rettungsmaßnahmen vor Ort

17. Welche Priorität der Alarmierung ist zu wählen, wenn sich eine Person in Lebensgefahr befindet und Hilfe benötigt?
    a. Dringlichkeit
    b. Sicherheit
    c. Routine
    d. Notfall

18. Welche Voraussetzung muss eine Seefunkstelle erfüllen, die den Empfang eines DSC-Notalarms auf UKW im Sprechfunkverfahren bestätigt?
    a. Eine sichere Funkverbindung muss möglich sein
    b. Sie muss Hilfe leisten können
    c. Sie muss die Seefunkstelle in Not spätestens nach einer Stunde erreichen können
    d. Notalarme werden in jedem Fall bestätigt

19. Welche Aufgaben übernimmt die Seenotleitung (Maritime Rescue Co-ordination Center [MRCC]) nach Eingang eines Notalarms?
    a. Leitung des Notverkehrs auf Kanal 70
    b. Bestimmung des On-Scene Co-ordinators (OSC)
    c. Koordinierung und Information über die SAR-Maßnahmen
    d. Überwachung Kanäle 16 und 70 sowie Dokumentation der SAR-Maßnahmen

FUNKBETRIEBSZEUGNIS SRC
Zur Vorbereitung auf die theoretische und praktische Prüfung.

---

20. In welchem Frequenzbereich kann mit SAR-Einheiten Seefunkverkehr abgewickelt werden?
    a. UHF-Bereich
    b. MW-Bereich
    c. VLF-Bereich
    d. UKW-Bereich

21. Auf welchen UKW-Kanälen dürfen zu Sicherheitszwecken Seefunkstellen mit SAR-Hubschraubern Funkverkehr vorzugsweise abwickeln?
    a. Kanal 16, Kanal 10
    b. Kanal 06, Kanal 10
    c. Kanal 16, Kanal 06
    d. Kanal 70, Kanal 16

22. Wie kann eine Satelliten-Seenotfunkbake (EPIRB) im Notfall aktiviert werden?
    a. Nur manuell
    b. Nur automatisch
    c. Manuell oder automatisch
    d. Durch das COSPAS-SARSAT-System

23. Welchen Vorteil hat eine UKW-Seefunkanlage gegenüber einem Mobiltelefon, wenn in einer Notsituation andere Fahrzeuge in Sicht sind und um Hilfe gebeten werden sollen?
    a. Erreichbarkeit aller in Funkreichweite befindlichen Seefunkstellen
    b. Erreichbarkeit aller Seefunkstellen im Seegebiet A1
    c. Erreichbarkeit aller Rettungsfahrzeuge in Küstennähe
    d. Erreichbarkeit aller Seefunkstellen in den Seegebieten A1 und A2

24. Welche Funktion hat ein Transponder für Suche und Rettung (Search and Rescue Transponder [SART])?
    a. Automatische Aussendung der Notposition über UKW an Küsten- bzw. Schiffsfunkstellen
    b. Automatische Übermittlung der Position des in Not befindlichen Fahrzeuges über die COSPAS-SARSAT-Satelliten
    c. Aussendung von Ortungsfunksignalen, die im Seenotfall das Auffinden des verunglückten Fahrzeuges mittels Radar erleichtern sollen
    d. Reflexion von Radarstrahlen und Erzeugung eines deutlichen Echos auf Radarbildschirmen

FUNKBETRIEBSZEUGNIS SRC
Zur Vorbereitung auf die theoretische und praktische Prüfung.

Übungs-Fragebogen 10

1. Zu welchem Zweck wurde das Weltweite Seenot- und Sicherheitsfunksystem (GMDSS) eingeführt?
    a. Schnelle Alarmierung nur in Notfällen
    b. Schnelle und genaue Alarmierung in Not-, Dringlichkeits- und Sicherheitsfällen
    c. Schnelle und genaue Alarmierung in Not- und Dringlichkeitsfällen
    d. Schnelle und genaue Alarmierung in Not- und Sicherheitsfällen

2. Welche Aussendung wird als „NX" bezeichnet?
    a. Wetterbericht
    b. Aussendung, die zurückgenommen wurde
    c. Funktelexaussendung im GMDSS
    d. Nautische Warnnachricht

3. Wie bezeichnet man ein funkärztliches Beratungsgespräch?
    a. Emergency-Gespräch
    b. Medical-Transport-Gespräch
    c. Medico-Gespräch
    d. Erste-Hilfe-Gespräch

4. Welche rechtlichen Voraussetzungen sind für den Betrieb einer Seefunkstelle auf einem Sportfahrzeug und einem Traditionsschiff zu erfüllen?
    a. Zuteilung (Ship Station Licence), ausreichendes Seefunkzeugnis und Sportbootführerschein des Fahrzeugführers
    b. Zuteilung (Ship Station Licence), ausreichendes Seefunkzeugnis einer Person an Bord
    c. Zuteilung (Ship Station Licence), für den Seefunkdienst zugelassene oder in Verkehr gebrachte Funkgeräte, ausreichendes Seefunkzeugnis des Fahrzeugführers
    d. Zuteilung (Ship Station Licence), für den Seefunkdienst zugelassene oder in Verkehr gebrachte Funkgeräte, Sportbootführerschein

5. Welche Behörde erteilt in Deutschland sechsstellige Rufzeichen für Seefunkstellen?
    a. Bundesnetzagentur (BNetzA), Außenstelle Mülheim an der Ruhr
    b. Bundesnetzagentur (BNetzA), Außenstelle Hamburg
    c. Bundesamt für Seeschifffahrt und Hydrographie (BSH), Hamburg
    d. Wasser- und Schifffahrtsamt (WSA), Hamburg

FUNKBETRIEBSZEUGNIS SRC
Zur Vorbereitung auf die theoretische und praktische Prüfung.

6. Wer ist beim Betrieb einer Seefunkstelle auf einem Sportboot zur Wahrung des Fernmeldegeheimnisses und des Abhörverbots verpflichtet?
    a. Alle Personen, die eine Seefunkstelle beaufsichtigen, bedienen oder Kenntnis über öffentlichen Nachrichtenaustausch erlangt haben
    b. Alle Personen, die ständig an Bord sind
    c. Alle Personen, die das Funkgerät bedienen können
    d. Alle Personen, die vom Schiffsführer ausdrücklich dazu verpflichtet worden sind

7. Der mit einem DSC-Gerät aufgenommene Notalarm wird...
    a. manuell gespeichert
    b. gespeichert, wenn im Speicher noch genügend Platz ist
    c. nicht gespeichert, sondern ausgedruckt
    d. automatisch gespeichert

8. Welche Art von Funkstelle des Seefunkdienstes kennzeichnet die Ziffernfolge 002111240?
    a. Deutsche Seefunkstelle
    b. Deutsches SAR-Fahrzeug
    c. Deutsche EPIRB
    d. Deutsche Küstenfunkstelle

9. Was kennzeichnet die Betriebsart „Duplex"?
    a. Wechselsprechen auf einer Frequenz
    b. Gegensprechen auf zwei Frequenzen
    c. Gegensprechen auf einer Frequenz
    d. Wechselsprechen auf zwei Frequenzen

10. Was hat keinen Einfluss auf die Reichweite eines UKW-Handsprechfunkgerätes?
    a. Niedrige Antennenhöhe
    b. Geringer Ladezustand des Akkus
    c. Schlechtes Wetter
    d. Geringe Sendeleistung

11. Wie ist die Rangfolge der Aussendungen im Seefunkdienst festgelegt?
    a. Not, Dringlichkeit, Sicherheit, Routine
    b. Not, Sicherheit, Dringlichkeit, Routine
    c. Routine, Sicherheit, Dringlichkeit, Not
    d. Routine, Dringlichkeit, Sicherheit, Not

FUNKBETRIEBSZEUGNIS SRC
Zur Vorbereitung auf die theoretische und praktische Prüfung.

12. Wie ist im GMDSS zu verfahren, wenn eine dringende Meldung im UKW-Bereich auszusenden ist, welche die Sicherheit einer Person betrifft?
    a. Ankündigung und Aussendung der Dringlichkeitsmeldung im Sprechfunk auf Kanal 16
    b. Ankündigung im Sprechfunk auf Kanal 16 und Aussendung der Dringlichkeitsmeldung auf einem Schiff-Schiff-Kanal
    c. Ankündigung per Digitalem Selektivruf (DSC) auf Kanal 70 und Aussendung der Dringlichkeitsmeldung auf einem Schiff-Schiff-Kanal
    d. Ankündigung per Digitalen Selektivruf (DSC) auf Kanal 70 und Aussendung der Dringlichkeitsmeldung im Sprechfunk auf Kanal 16

13. Welche Meldung wird mit SECURITE eingeleitet?
    a. Notmeldung
    b. Dringlichkeitsmeldung
    c. Sicherheitsmeldung
    d. Routinemeldung

14. Auf welchem Kanal wird eine Küstenfunkstelle ohne DSC im Routineverkehr gerufen?
    a. Arbeitskanal
    b. Kanal 16
    c. Ankündigung auf Kanal 16, dann Wechsel zum Arbeitskanal
    d. Kanal 70

15. Welchen Dienst bieten der Deutsche Wetterdienst (DWD) und das Bundesamt für Seeschifffahrt und Hydrographie (BSH) auf den Frequenzen 518 kHz und 490 kHz gemeinsam an?
    a. SafetyNET
    b. TELEX
    c. AMVER
    d. NAVTEX

16. Welche Aufgabe hat ein „MRCC" im Seenotfall?
    a. Bereithaltung von Rettungsfahrzeugen im Seenotfall
    b. Koordinierung der im Seenotfall zur Verfügung stehenden Kräfte
    c. Erarbeitung von Richtlinien für das Verhalten im Seenotfall
    d. Erteilung von Ratschlägen an den Havaristen

FUNKBETRIEBSZEUGNIS SRC
Zur Vorbereitung auf die theoretische und praktische Prüfung.

---

17. Was bedeutet „Funkverkehr vor Ort"?

    a. Funkverkehr zwischen dem Schiff in Not und den Fahrzeugen, die Hilfe leisten sowie dem Schiff in Not und dem Fahrzeug, das die Suche und Rettung koordiniert

    b. Funkverkehr zwischen dem Fahrzeug, das die Suche und Rettung koordiniert, und der Küstenfunkstelle

    c. Funkverkehr zwischen der Küstenfunkstelle und dem On-Scene Co-ordinator

    d. Funkverkehr zwischen dem Schiff in Not und in der Nähe befindlichen Luftfunkstellen

18. Womit wird der Notverkehr im Sprechfunk eingeleitet?

    a. Schiffsname   b. MAYDAY

    c. DISTRESS   d. SOS

19. Wann darf eine Seefunkstelle, wenn sie Hilfe leisten kann, den Empfang eines DSC-Notalarms auf UKW im Sprechfunkverfahren bestätigen?

    a. Nach Bestätigung durch eine Küstenfunkstelle oder einer angemessenen Wartefrist

    b. Sofort nach Empfang des DSC-Notalarms

    c. Nach einer Wartefrist von 3 Minuten

    d. DSC-Notalarme dürfen grundsätzlich nur von Küstenfunkstellen bestätigt werden

20. Was ist zu tun, wenn irrtümlich von einer Seefunkstelle ein Notalarm auf Kanal 70 ausgelöst worden ist?

    a. Gerät ausschalten, um weitere Sendungen zu verhindern, Eintragung der irrtümlichen Aussendung im Schiffstagebuch, zuständiges MRCC telefonisch informieren

    b. Gerät umgehend zurücksetzen, wenn möglich, den Fehlalarm per DSC zurücknehmen, mit Meldung auf Kanal 16 „An alle Funkstellen" den Fehlalarm zurücknehmen

    c. Ankündigung der Rücknahme des Notalarms mit DSC, mit Meldung auf Kanal 16 „An alle Funkstellen" den Fehlalarm zurücknehmen, Schiffsführer informieren

    c Gerät umgehend zurücksetzen, Ankündigung der Rücknahme des Notalarms mit DSC, mit Meldung auf Kanal 13 „An alle Funkstellen" den Fehlalarm zurücknehmen

21. Wie kann eine Satelliten-Seenotfunkbake (EPIRB) im Notfall aktiviert werden?

    a. Nur manuell

    b. Nur automatisch

    c. Durch das COSPAS-SARSAT-System

    d. Manuell oder automatisch

FUNKBETRIEBSZEUGNIS SRC
Zur Vorbereitung auf die theoretische und praktische Prüfung.

22. Warum dauert es unter ungünstigen Bedingungen von der Aktivierung einer COSPAS-SARSAT-Satelliten-Seenotfunkbake ohne GPS bis zum Empfang der Position im MRCC bis zu vier Stunden?

    a. Es müssen Überflüge der umlaufenden COSPAS-SARSAT-Satelliten (LEOSAR) abgewartet werden

    b. Die niedrige Datenrate im Uplink ermöglicht keine hohe Übertragungsgeschwindigkeit

    c. Hoher Seegang behindert die Funkwellenausbreitung zum geostationären COSPAS-SARSAT-Satelliten (GEOSAR)

    d. Schlechte Wetterverhältnisse behindern die Übertragung der Daten vom COSPAS-SARSAT-Satelliten zur Bodenstation (LUT)

23. Welches Navigationsgerät empfängt das Signal eines aktivierten Transponders für Suche und Rettung (SART)?

    a. GPS-Empfänger

    b. Radargerät

    c. DSC-Controller

    d. NAVTEX-Gerät

24. Welchen Vorteil hat eine UKW-Seefunkanlage gegenüber einem Mobiltelefon, wenn in einer Notsituation andere Fahrzeuge in Sicht sind und um Hilfe gebeten werden sollen?

    a. Erreichbarkeit aller Seefunkstellen im Seegebiet A1

    b. Erreichbarkeit aller Rettungsfahrzeuge in Küstennähe

    c. Erreichbarkeit aller Seefunkstellen in den Seegebieten A1 und A2

    d. Erreichbarkeit aller in Funkreichweite befindlichen Seefunkstellen

FUNKBETRIEBSZEUGNIS SRC
Zur Vorbereitung auf die theoretische und praktische Prüfung.

Übungs-Fragebogen 11

1. Welche Aufgaben hat die Internationale Fernmeldeunion (International Telecommunication Union [ITU])?

    a. Die Internationale Fernmeldeunion (ITU) legt für alle Nationen der UN, die weltweit Seeschifffahrt betreiben, die Mindeststandards hinsichtlich der Funkausrüstung von Seeschiffen fest

    b. Die Internationale Fernmeldeunion (ITU) führt als internationale Verkehrsbehörde weltweit die Überwachung des Funkverkehrs durch

    c. Die Internationale Fernmeldeunion (ITU) legt die grundlegenden Regelungen für die internationale Telekommunikation fest

    d. Die Internationale Fernmeldeunion (ITU) rechnet die Gebühren von weltweiten Seefunkgesprächen ab

2. Wodurch erfährt eine Seefunkstelle von einer Küstenfunkstelle, dass dort Nachrichten für sie vorliegen?

    a. Individuelle Benachrichtigung oder Abhören von Sammelanrufen

    b. Individuelle Benachrichtigung durch die Abrechnungsgesellschaft

    c. Individuelle Benachrichtigung mittels SMS oder E-Mail

    d. Öffentliche Benachrichtigung mittels NAVTEX

3. Wie bezeichnet man ein funkärztliches Beratungsgespräch?

    a. Emergency-Gespräch

    b. Medical-Transport-Gespräch

    c. Erste-Hilfe-Gespräch

    d. Medico-Gespräch

4. Welche Sportboote müssen mit einer UKW-Seefunkanlage ausgerüstet sein?

    a. Sportboote mit einer Länge über alles von 12 m und mehr

    b. Gewerbsmäßig genutzte Sportboote mit einer Länge über alles von 12 m und mehr

    c. Sportboote mit einer Antriebsmaschine von 3,68 kW und mehr

    d. Gewerbsmäßig genutzte Sportboote mit einer Antriebsmaschine von 3,68 kW und mehr

FUNKBETRIEBSZEUGNIS SRC
Zur Vorbereitung auf die theoretische und praktische Prüfung.

5. Wer ist beim Betrieb einer Seefunkstelle auf einem Sportboot zur Wahrung des Fernmeldegeheimnisses und des Abhörverbots verpflichtet?

    a. Alle Personen, die ständig an Bord sind

    b. Alle Personen, die das Funkgerät bedienen können

    c. Alle Personen, die eine Seefunkstelle beaufsichtigen, bedienen oder Kenntnis über öffentlichen Nachrichtenaustausch erlangt haben

    d. Alle Personen, die vom Schiffsführer ausdrücklich dazu verpflichtet worden sind

6. Wie hoch ist die mittlere Stromaufnahme einer UKW-Seefunkanlage im Empfangsbetrieb?

    a. Je nach Anlage zwischen 0,1 A und 0,2 A

    b. Je nach Anlage zwischen 1 A und 2 A

    c. Je nach Anlage zwischen 0,3 A und 1 A

    d. Je nach Anlage zwischen 2 A und 3 A

7. Was ist ein „Digitaler Selektivruf"?

    a. Aussendung eines digitalen Anrufs auf Kanal 16

    b. Funkaussendung an eine ausgewählte Funkstelle

    c. Digitale Aussendung, die bei der gerufenen Funkstelle ein optisches und/oder akustisches Signal auslöst

    d. Funkverkehr im GMDSS auf den dafür vorgesehenen Kanälen

8. Wie lauten die Maritime Identification Digits (MID) für die Bundesrepublik Deutschland?

    a. 211 und 219   b. 218 und 224

    c. 218 und 226   d. 211 und 218

9. Welches Funkzeugnis muss der Führer eines Sportfahrzeugs oder Traditionsschiffes, das mit einer UKW-Seefunkstelle ausgerüstet ist, mindestens besitzen, um am GMDSS teilnehmen zu dürfen?

    a. Beschränkt Gültiges Funkbetriebszeugnis (Short Range Certificate)

    b. Allgemeines Sprechfunkzeugnis für den Seefunkdienst

    c. UKW-Sprechfunkzeugnis für den Binnenschifffahrtsfunk

    d. Allgemeines Betriebszeugnis für Funker (General Operator's Certificate)

10. Wie sollen UKW-Antennen ausgerichtet werden?

    a. Horizontal   b. Vertikal

    c. Radial   d. Diagonal

FUNKBETRIEBSZEUGNIS SRC
Zur Vorbereitung auf die theoretische und praktische Prüfung.

---

11. Wer bestimmt bei einer Verbindung zwischen See- und Küstenfunkstelle den für die weitere Verkehrsabwicklung zu benutzenden Arbeitskanal?
    a. Seefunkstelle
    b. Küstenfunkstelle
    c. On-Scene Co-ordinator (OSC)
    d. Rufende Funkstelle

12. Wie ist zu verfahren, wenn eine an alle Funkstellen ausgesendete Dringlichkeitsmeldung erledigt ist?
    a. Dringlichkeitsmeldung muss durch eine Meldung an alle Funkstellen aufgehoben werden
    b. Dringlichkeitsmeldung muss bei dem Fall „Mann über Bord" durch eine Meldung an alle Funkstellen aufgehoben werden
    c. Dringlichkeitsmeldung muss durch eine Meldung an die nächste Küstenfunkstelle aufgehoben werden
    d. Dringlichkeitsmeldung muss durch die Meldung SILENCE FINI aufgehoben werden

13. Welche Betriebsart wird für den Schiff-Schiff-Verkehr auf UKW im Sprechfunkverfahren verwendet?
    a. Wechselsprechen auf einer Frequenz
    b. Gegensprechen auf einer Frequenz
    c. Wechselsprechen auf zwei Frequenzen
    d. Gegensprechen auf zwei Frequenzen

14. Auf welchem UKW-Kanal muss ein Sportfahrzeug empfangsbereit sein, wenn es sich auf See befindet und mit einer GMDSS-Seefunkanlage ausgerüstet ist?
    a. Kanal 16   b. Kanal 69
    c. Kanal 72   d. Kanal 70

15. Worauf muss beim Einstellen eines NAVTEX-Empfängers geachtet werden?
    a. Auswählen der gewünschten NAVTEX-Sender und Eingeben der MMSI-Rufnummer
    b. Einstellen der jeweiligen NAVTEX-Sender und Auswählen der Art der benötigten Meldungen
    c. Eingeben der eigenen Position und Auswählen der Art der benötigten Meldungen
    d. Auswählen der Sprache, in der die Nachricht empfangen werden soll, und Unterdrücken nicht benötigter Meldungen

FUNKBETRIEBSZEUGNIS SRC
Zur Vorbereitung auf die theoretische und praktische Prüfung.

16. Was bezeichnet „SAR"?
    a. Seenotfunkbake   b. Suche und Rettung
    c. Sanitätsdienst   d. Radartransponder

17. Wann und warum wird die Einleitung eines Notverkehrs wiederholt?
    a. Wenn der DSC-Notalarm nur von einer Küstenfunkstelle bestätigt worden ist
    b. Die Einleitung des Notverkehrs darf nicht wiederholt werden, um Fehlalarme zu vermeiden
    c. Wenn die aussendende Seefunkstelle keine Antwort auf ihren DSC-Alarm oder ihre Notmeldung erhalten hat oder wenn sie es aus anderen Gründen für notwendig hält
    d. Die Einleitung des Notverkehrs wird nach 6 Minuten wiederholt, wenn keine Bestätigung erfolgt ist

18. Wann wird im Seefunkdienst die Aufforderung SILENCE MAYDAY ausgesendet?
    a. Wenn die Situation des Schiffes in Not besonders kritisch ist
    b. Wenn die Funkstelle, die den Notverkehr leitet, die Beendigung des Notverkehrs ankündigen will
    c. Wenn eine Funkstelle sich besondere Aufmerksamkeit für die Verbreitung einer Dringlichkeits- oder Sicherheitsmeldung erbittet
    d. Wenn die Funkstelle in Not oder die Funkstelle, die den Notverkehr leitet, störende Funkstellen zur Einhaltung der Funkstille auffordert

19. Im Funkverkehr zwischen Seefunkstellen und SAR-Hubschraubern gilt das Betriebsverfahren...
    a. des Seefunkdienstes
    b. des Flugfunkdienstes
    c. der Rettungsdienste
    d. des Binnenschifffahrtsfunks

20. Womit können im Notfall nach dem Verlassen des havarierten Schiffes keine Such- und Rettungsarbeiten ausgelöst bzw. erleichtert werden?
    a. UKW-Empfänger
    b. Transponder für Suche und Rettung (SART)
    c. Seenotfunkbake (EPIRB)
    d. Handsprechfunkgeräte

FUNKBETRIEBSZEUGNIS SRC
Zur Vorbereitung auf die theoretische und praktische Prüfung.

---

21. Welche Informationen enthält die Aussendung einer Satelliten-Seenotfunkbake (EPIRB)?
    a. Notsignal, Schiffstyp, Art des Notfalls
    b. Notsignal, Identifikationsmerkmal, Position mittels GPS, wenn vorhanden
    c. Position mittels GPS, wenn vorhanden, Identifikationsmerkmal, Zielhafen
    d. Art des Notfalls, Position mittels GPS, wenn vorhanden, Rufzeichen

22. Wie lange kann es unter ungünstigen Bedingungen von der Aktivierung einer COSPAS-SARSAT-Satelliten-Seenotfunkbake ohne GPS bis zum Empfang der Position im MRCC dauern?
    a. Bis zu 8 Stunden
    b. Bis zu 12 Stunden
    c. Bis zu 4 Stunden
    d. Bis zu einem Tag

23. Welche Vorteile hat eine UKW-Seefunkanlage gegenüber einem Mobiltelefon in einer Notsituation?
    a. Allgemeine und sichere Alarmierungsmöglichkeit
    b. Hohe und gleichbleibende Sprachqualität
    c. Wahrung des Fernmeldegeheimnisses und des Abhörverbots
    d. Digitale und sichere Sprachübertragung

24. Welche Funktion hat ein Transponder für Suche und Rettung (Search and Rescue Transponder [SART])?
    a. Automatische Aussendung der Notposition über UKW an Küsten- bzw. Schiffsfunkstellen
    b. Aussendung von Ortungsfunksignalen, die im Seenotfall das Auffinden des verunglückten Fahrzeuges mittels Radar erleichtern sollen
    c. Automatische Übermittlung der Position des in Not befindlichen Fahrzeuges über die COSPAS-SARSAT-Satelliten
    d. Reflexion von Radarstrahlen und Erzeugung eines deutlichen Echos auf Radarbildschirmen

FUNKBETRIEBSZEUGNIS SRC
Zur Vorbereitung auf die theoretische und praktische Prüfung.

Übungs-Fragebogen 12

1. Was regelt die Vollzugsordnung für den Funkdienst (VO Funk, engl. Radio Regulations [RR])?
    a. Die Vollzugsordnung für den Funkdienst (RR) regelt u. a. die Zuweisung von Frequenzbereichen an die Funkdienste und die Betriebsverfahren im Seefunkdienst
    b. Die Vollzugsordnung für den Funkdienst (RR) regelt die Ausrüstung von Seeschiffen bezüglich der Funkeinrichtung
    c. Die Vollzugsordnung für den Funkdienst (RR) regelt den freien Funkverkehr zwischen den Seefahrt betreibenden Nationen
    d. Die Vollzugsordnung für den Funkdienst (RR) regelt die Benutzung von Radaranlagen auf Seeschiffen auf See und in Häfen

2. Was bedeutet „öffentlicher Funkverkehr"?
    a. Funkverkehr, der im Gegensatz zum Nichtöffentlichen Funkverkehr unverschlüsselt abgewickelt wird
    b. Funkverkehr, der der Allgemeinheit zum Austausch von Nachrichten dient
    c. Funkverkehr, der von jeder Seefunkstelle abgehört werden muss
    d. Funkverkehr, der nicht dem Fernmeldegeheimnis und dem Abhörverbot unterliegt

3. Wonach richten sich die Zeitangaben im Seefunkdienst?
    a. Bordzeit, berichtigt nach Sommer- oder Winterzeit
    b. Greenwich-Zeit (Greenwich Mean Time [GMT])
    c. Koordinierte Weltzeit (Universal Time Co-ordinated [UTC])
    d. Ortszeit, bezogen auf den Standort des Schiffes (Local Time [LT])

4. Welche Funkanlagen darf der Inhaber eines Beschränkt Gültigen Funkbetriebszeugnisses (Short Range Certificate [SRC]) bedienen?
    a. UKW-Funkanlagen für See- und Luftfunkstellen
    b. UKW-Funkanlagen auf Sportbooten im Seefunkdienst und Binnenschifffahrtsfunk
    c. UKW-Funkanlagen auf funkausrüstungspflichtigen und nicht funkausrüstungspflichtigen Seeschiffen
    d. UKW-Funkanlagen im Seefunkdienst auf nicht funkausrüstungspflichtigen Fahrzeugen und auf Traditionsschiffen

FUNKBETRIEBSZEUGNIS SRC
Zur Vorbereitung auf die theoretische und praktische Prüfung.

---

5. Was muss ein Schiffseigner beim Austausch der UKW-Sprechfunkanlage gegen eine UKW-GMDSS-Funkanlage veranlassen?
    a. Schriftliche Mitteilung über die Umrüstung an das Bundesamt für Seeschifffahrt und Hydrographie
    b. Schriftliche Mitteilung über die Umrüstung an das Amtsgericht
    c. Schriftliche Mitteilung über die Umrüstung an die Zentrale Verwaltungsstelle
    d. Schriftliche Mitteilung über die Umrüstung an die Bundesnetzagentur

6. Das Seefunkgerät nimmt bei Empfang einen Strom von 0,5 Ampere auf. Wie lange kann das Funkgerät im Empfangsbetrieb an einer Batterie ohne Nachladen überschlägig betrieben werden, wenn die Kapazität 60 Amperestunden beträgt?
    a. 30 Stunden   b. 60 Stunden
    c. 120 Stunden   d. 90 Stunden

7. Wie wird eine mit DSC-Einrichtungen ausgerüstete Seefunkstelle gekennzeichnet?
    a. Rufnummer des mobilen Seefunkdienstes (MMSI), Schiffsname
    b. Schiffsname, Rufzeichen, Rufnummer des mobilen Seefunkdienstes (MMSI)
    c. Schiffsname, Heimathafen, Rufzeichen
    d. Registriernummer des Schiffszertifikates, Rufzeichen

8. Woran ist die Nationalität der Seefunkstelle in der MMSI erkennbar?
    a. Seefunkkennzahl (MID)
    b. Länderkennung, bestehend aus drei Buchstaben
    c. Letzte drei Ziffern der MMSI
    d. Mittlere drei Ziffern der MMSI

9. Wie wird der Frequenzbereich von 30 bis 300 MHz bezeichnet?
    a. Ultrakurzwelle (UKW/VHF)
    b. Langwelle (LW/LF)
    c. Mittelwelle (MW/MF)
    d. Kurzwelle (KW/HF)

10. Welche Betriebsart wird als „Semi-Duplex" bezeichnet?
    a. Gegensprechen auf zwei Frequenzen
    b. Wechselsprechen auf zwei Frequenzen
    c. Gegensprechen auf einer Frequenz
    d. Wechselsprechen auf einer Frequenz

FUNKBETRIEBSZEUGNIS SRC
Zur Vorbereitung auf die theoretische und praktische Prüfung.

11. Wozu dient der Revier- und Hafenfunkdienst?
    a. Zuweisung von Liegeplätzen innerhalb oder in der Nähe von Häfen
    b. Verbreitung von Wetterberichten auf dem Revier, innerhalb oder in der Nähe von Häfen
    c. Übermittlung von Nachrichten, die ausschließlich das Führen, die Fahrt und die Sicherheit von Schiffen auf dem Revier, innerhalb oder in der Nähe von Häfen betreffen
    d. Nachrichtenaustausch innerhalb oder in der Nähe von Häfen über das öffentliche Netz

12. Wie lautet das Dringlichkeitszeichen im Sprechfunk?
    a. SECURITE
    b. MAYDAY
    c. URGENCY
    d. PAN PAN

13. Welchen Inhalt kann eine Sicherheitsmeldung haben?
    a. Wichtige nautische Warnnachricht oder die Weiterleitung eines Notalarms
    b. Aufhebung eines Fehlalarms oder eine wichtige Wetterwarnung
    c. Aufhebung einer Dringlichkeitsmeldung oder ein Medico-Gespräch
    d. Wichtige nautische Warnnachricht oder eine wichtige Wetterwarnung

14. Welcher UKW-Kanal ist vorzugsweise für den Schiff-Schiff-Verkehr und für koordinierte Suchund Rettungseinsätze (SAR) vorgesehen?
    a. Kanal 06   b. Kanal 10
    c. Kanal 16   d. Kanal 72

15. Welche Informationen können bei der Programmierung eines NAVTEX-Empfängers nicht unterdrückt werden?
    a. Navigationswarnungen, Wettervorhersagen und SAR-Meldungen
    b. Sat-Nav-Warnungen, Meteorologische Warnungen und Navigationswarnungen
    c. Meteorologische Warnungen, Revierinformationen und SAR-Meldungen
    d. Navigationswarnungen, Meteorologische Warnungen und SAR-Meldungen

16. Was ist „On-Scene Communication"?
    a. Funkverkehr vor Ort im Seenotfall
    b. Funkverkehr in Reichweite einer Küstenfunkstelle für UKW
    c. Funkverkehr im Hafenfunk (Port Radio)
    d. Funkverkehr von Behördenfahrzeugen

FUNKBETRIEBSZEUGNIS SRC
Zur Vorbereitung auf die theoretische und praktische Prüfung.

---

17. Wann liegt ein Seenotfall vor, der das Aussenden des Notzeichens im Sprechfunk rechtfertigt?
    a. Wenn ein Schiff manövrierbehindert ist und Hilfe benötigt
    b. Wenn eine nautische Warnnachricht vorliegt, die unbedingt beachtet werden muss
    c. Wenn ein Schiff oder eine Person von einer ernsten und unmittelbaren Gefahr bedroht ist und sofortige Hilfe benötigt
    d. Wenn ein medizinischer Notfall vorliegt, der unmittelbare funkärztliche Beratung erfordert

18. Wann darf eine Seefunkstelle, wenn sie Hilfe leisten kann, den Empfang eines DSC-Notalarms auf UKW im Sprechfunkverfahren bestätigen?
    a. Nach Bestätigung durch eine Küstenfunkstelle oder einer angemessenen Wartefrist
    b. Sofort nach Empfang des DSC-Notalarms
    c. Nach einer Wartefrist von 3 Minuten
    d. DSC-Notalarme dürfen grundsätzlich nur von Küstenfunkstellen bestätigt werden

19. Welche Veröffentlichung enthält die international entwickelten Redewendungen für Notfälle?
    a. Handbuch „Funkdienst für die Klein- und Sportschifffahrt"
    b. Handbuch für Suche und Rettung
    c. Nachrichten für Seefahrer
    d. Mitteilungen für Seefunkstellen und Schiffsfunkstellen

20. Wo soll eine Satelliten-Seenotfunkbake (EPIRB) an Bord eines Sportbootes installiert werden?
    a. In der Backskiste
    b. In mindestens 1m Entfernung von Metallteilen
    c. Im äußeren Decksbereich
    d. Geschützt unter Deck

21. Wie groß ist die maximale Abweichung der ermittelten von der tatsächlichen Position einer COSPAS-SARSAT-Seenotfunkbake (EPIRB) ohne GPS?
    a. 2 sm
    b. 10 sm
    c. 100 sm
    d. 150 sm

FUNKBETRIEBSZEUGNIS SRC
Zur Vorbereitung auf die theoretische und praktische Prüfung.

22. Welche Informationen müssen an einer Satelliten-Seenotfunkbake (EPIRB) erkennbar sein?

a. Herstellerfirma, Haltbarkeitsdatum des Wasserdruckauslösers, Zulassungsdatum der EPIRB, Kurzanleitung

b. Herstellerfirma, Schiffsname/Rufzeichen/MMSI oder anderes Identifikationsmerkmal, Prüfdatum, Sendefrequenz

c. Schiffsname/Rufzeichen/MMSI oder anderes Identifikationsmerkmal, Seriennummer, Haltbarkeitsdatum der Batterie, Haltbarkeitsdatum des Wasserdruckauslösers

d. Kurzanleitung, Zulassungsdatum der EPIRB, Schiffsname/Rufzeichen/MMSI oder anderes Identifikationsmerkmal, Haltbarkeitsdatum der Batterie

23. Wie erscheint die Aussendung eines Transponders für Suche und Rettung (SART) auf einem Radarbildschirm?

a. Die Aussendung eines Transponders ist auf dem Radarschirm nicht sichtbar

b. Als lange aus einem Zeichen bestehende Linie

c. Als Linie von mindestens drei Zeichen

d. Als Linie von mindestens zwölf Zeichen

24. Warum ist ein Mobiltelefon gegenüber einer UKW-Seefunkanlage keine Alternative, wenn in einer Notsituation die Such- und Rettungsmaßnahmen anderen Fahrzeugen bekannt gemacht werden müssen?

a. Telefongespräche können von weiteren Fahrzeugen nicht mitgehört werden, wichtige Informationen zur Hilfeleistung und Rettung sind nicht für alle Beteiligten verfügbar

b. Telefongespräche können von weiteren Fahrzeugen nicht bestätigt werden, der Seenotleitung (MRCC) fehlen daher wichtige Informationen

c. Telefongespräche können von Küstenfunkstellen nicht bestätigt werden, wichtige Informationen fehlen daher für die Koordination vor Ort

d. Telefongespräche können vom On-Scene-Co-ordinator (OSC) nicht mitgehört werden, wichtige Informationen sind nur bei der Seenotleitung (MRCC) vorhanden

FUNKBETRIEBSZEUGNIS SRC
Zur Vorbereitung auf die theoretische und praktische Prüfung.

Übungsbögen: Lösungen

Die abgebildeten Fragebögen entsprechen den in der Prüfung verwendeten Bögen. Die Anordnung der Fragen entspricht ebenfalls der Prüfung. Die Antworten einer jeden Frage sind in der Prüfung jedoch in anderer Reihenfolge als hier angegeben.

Jede korrekt beantwortete Frage wird mit einem Punkt bewertet. Die theoretische Prüfung ist bestanden, wenn mindestens 19 Punkte erreicht wurden.

Frage	Bogen											
	1	2	3	4	5	6	7	8	9	10	11	12
1	D	A	C	B	A	B	D	A	C	B	C	A
2	A	B	B	C	D	A	B	B	A	D	A	B
3	B	C	D	A	B	D	A	D	D	C	D	C
4	C	C	A	B	D	C	C	C	A	C	B	D
5	D	D	D	B	A	D	A	A	C	B	C	D
6	A	B	A	D	A	C	D	A	A	A	C	C
7	D	D	C	C	B	B	B	C	D	D	C	B
8	B	A	C	D	D	A	A	A	C	D	D	A
9	D	C	A	B	A	C	A	B	C	B	A	A
10	C	D	B	A	C	A	B	C	A	C	B	B
11	B	B	D	D	C	D	D	D	A	A	B	C
12	A	A	C	D	A	A	C	A	B	D	A	D
13	B	C	A	B	D	B	C	D	D	C	A	D
14	D	D	B	B	D	D	B	D	B	A	D	A
15	A	C	D	A	B	C	A	B	A	D	B	D
16	C	A	A	D	A	C	D	B	D	B	B	A
17	C	B	C	A	C	A	C	C	D	A	C	C
18	B	D	A	C	A	B	A	A	B	B	D	A
19	A	A	B	B	B	D	B	B	C	A	A	B
20	B	C	B	C	C	A	A	D	D	B	A	C
21	D	A	A	D	D	D	B	A	C	D	B	A
22	D	D	B	A	D	C	A	C	C	A	C	C
23	B	B	C	A	A	A	D	B	A	B	A	D
24	A	B	C	D	D	D	A	A	C	D	B	A

FUNKBETRIEBSZEUGNIS SRC
Zur Vorbereitung auf die theoretische und praktische Prüfung.

Notizen:

FUNKBETRIEBSZEUGNIS SRC
Zur Vorbereitung auf die theoretische und praktische Prüfung.

FUNKBETRIEBSZEUGNIS SRC
Zur Vorbereitung auf die theoretische und praktische Prüfung.